DES

CHEMINS DE FER

D'ALLEMAGNE.

Par M. C. COUCHE,

Ingénieur des mines,

PROFESSEUR DE CONSTRUCTION ET DE CHEMINS DE FER
A L'ÉCOLE DES MINES.

PREMIÈRE SECTION : — TRAVAUX D'ART.

PARIS.

CARILIAN-GOEURY ET V^{or} DALMONT,

LIBRAIRES DES CORPS IMPÉRIAUX DES PONTS ET CHAUSSÉES ET DES MINES,

Quai des Augustins, 49.

1854

TRAVAUX D'ART

VOIE MATÉRIEL

DES

CHEMINS DE FER

D'ALLEMAGNE.

PARIS. — IMPRIMÉ PAR E. THUNOT ET Cᵉ,
rue Racine, 26, près de l'Odéon.

TRAVAUX D'ART

VOIE MATÉRIEL

DES

CHEMINS DE FER

D'ALLEMAGNE.

Par M. C. COUCHE,

Ingénieur des mines,

PROFESSEUR A L'ÉCOLE DES MINES.

PARIS.

CARILIAN-GOEURY et V^on DALMONT,

LIBRAIRES DES CORPS IMPÉRIAUX DES PONTS ET CHAUSSÉES ET DES MINES,

Quai des Augustins, 49.

1854

Les éléments de ce travail ont été recueillis dans le cours de deux voyages faits, par ordre de M. le Ministre de l'agriculture, du commerce et des travaux publics, au point de vue du Cours professé à l'École des mines sur les chemins de fer et les constructions.

Ces voyages avaient surtout pour objet l'étude des questions qui rentrent dans les attributions habituelles des ingénieurs des mines, c'est-à-dire de celles qui se rattachent au matériel et à l'exploitation technique. Mais il a paru utile de publier aussi les observations rassemblées sur l'établissement des chemins de fer eux-mêmes. Peut-être ces renseignements offriront-ils quelque intérêt aux ingénieurs, auxquels les exigences impérieuses d'un service de construction ne permettent pas de suivre par eux-mêmes les progrès de l'art à l'étranger.

— Juillet 1851.

EXPLICATION DES PLANCHES DE CETTE PREMIÈRE SECTION.

INTRODUCTION.

---

§ I. — PROGRÈS DU RÉSEAU ALLEMAND.

1. La création des chemins de fer sera sans doute un des titres les moins contestés de notre époque à occuper une place honorable dans l'histoire. Jamais l'activité humaine n'a été plus laborieuse et plus féconde ; nulle autre génération n'a semé plus abondamment pour l'avenir, et celles qui la suivront ne seront certainement pas tentées de lui reprocher cette préoccupation des intérêts matériels, dont on lui a fait si souvent un reproche de nos jours.

Si, envisagée dans son ensemble, l'influence des chemins de fer sur le développement de la richesse publique frappe tous les yeux, elle mérite d'être signalée à un point de vue tout spécial, celui des progrès de l'industrie. Les exigences techniques des chemins de fer, toujours croissantes, toujours satisfaites, ont transformé les méthodes de construction, perfectionné la partie mécanique de la métallurgie du fer, introduit dans la disposition des chaudières et du mécanisme des appareils à vapeur des améliorations dont toutes les industries font leur profit ; les chemins de fer ont créé le télégraphe électrique, en le rendant nécessaire ; ils ont, en vertu de la solidarité du progrès, accéléré encore

Progrès
des chemins de fer
d'Allemagne.

la marche déjà si rapide des perfectionnements de la navigation à vapeur.

2. Dans un autre ordre de faits, les ombres, il est vrai, ne manqueraient pas au tableau : l'agiotage prenant par moment des proportions inouïes ; — les esprits flottant entre un engouement aveugle et un découragement sans motifs ; — l'absence de plan, de vues d'ensemble, dans l'application des ressources publiques ou privées à l'accomplissement d'une tâche immense ; — l'œuvre commencée ici, ajournée là — au hasard ou au gré des intérêts, des influences, des caprices ; tantôt des tronçons isolés, et par cela même improductifs ; ailleurs des lignes rivales, condamnées à une concurrence désastreuse : tel est le spectacle qu'a présenté en Angleterre, et à certains égards en France, la période d'enfantement des chemins de fer.

Marche différente de ce progrès dans le nord et dans le sud de l'Allemagne.

L'Allemagne n'a pas non plus évité complétement ces écueils. Les premiers linéaments du réseau allemand ont paru se rattacher à un système général, mais il n'a pas tardé, en se développant, à perdre ce caractère. Si, du reste, les intérêts généraux ont eu tant de peine à prévaloir dans un État compacte et puissamment centralisé comme la France, leur triomphe devait être plus difficile encore dans cette vaste agglomération d'États dont aucun n'est disposé à faire bon marché de son individualité, et qui accepteraient de l'unité, ses avantages, mais non ses sacrifices.

La tendance à la constitution de l'*unité allemande,* tendance si prononcée en apparence il y a quelques années, n'était guère, on le sait, qu'une tactique née de l'antagonisme des deux puissances prépondérantes, et cachant sous son titre un germe de division. Favorisée par la puissance appelée à en recueillir exclusivement le bénéfice, elle était par cela même repoussée par

— 3 —

l'autré (1) ; et les États secondaires qui gravitent autour des deux principaux se trouvaient nécessairement aussi divisés sur ce terrain.

Il serait aussi inexact de refuser à cette cause toute influence sur les différences si tranchées que présentent les développements du réseau au nord et au sud, que de les lui attribuer exclusivement. Sans doute la configuration du terrain, la situation financière de l'Autriche, les circonstances politiques, ont puissamment contribué à ralentir les progrès des chemins de fer dans le sud; mais ce n'est pas seulement la lenteur relative de ce progrès qui frappe, c'est aussi sa manière d'être.

5. Dans le nord, sous l'impulsion de la Prusse qui voit dans les chemins de fer un puissant instrument d'unité, c'est-à-dire d'influence ; qui tient d'ailleurs à relier sans retard les portions séparées de son vaste territoire, le réseau s'étend rapidement. Dans les régions moyenne et méridionale, au contraire, tous les chemins suivent d'abord la même direction, nord-sud ; et tandis que ces lignes longitudinales sont exécutées à grands frais, les lignes transversales, non moins importantes, sont entreprises tardivement et poussées mollement. Il y a quelques jours à peine que l'exécution des tronçons de Bruchsal à Bietigheim, et d'Ulm à Augsbourg, a mis un terme à l'isolement des chemins du duché de Bade, du Wurtemberg, et de la Bavière ; et la ligne de Vienne à Trieste est terminée jusqu'à Laybach, quand celle de Munich à Bruck est à peine commencée sur le territoire autrichien ; de sorte que pendant plusieurs années encore, Paris et Vienne ne communiqueront que par Dresde.

Ce n'est nullement la difficulté matérielle des lignes

---

(1) Un tiers seulement de la population de l'empire autrichien appartient à la confédération germanique.

transversales qui a entravé à ce point leur exécution. L'isolement, l'individualisme ont d'abord prévalu dans le sud, comme l'unité dans le nord. Pour les trois États secondaires que je viens de citer il s'agissait d'un intérêt de trafic plus ou moins bien entendu : chacun d'eux s'est préoccupé, trop exclusivement sans doute, du mouvement international nord-sud, et a voulu avant tout et à tout prix attirer sur son territoire une partie de ce mouvement, le plus important sans contredit, mais qui fera son choix et adoptera un itinéraire quand les chemins de la Suisse seront exécutés à leur tour. Quant à l'Autriche, une fois rattachée par les chemins de la Bohême et de la Silésie a tout le réseau du nord, aux ports de la mer du Nord et de la Baltique, — c'est-à-dire après avoir donné satisfaction à l'intérêt commercial par excellence, ou réputé tel, — elle revient exclusivement à des préoccupations d'un autre ordre, et place les chemins de fer destinés à développer les relations internationales, bien après ceux qui doivent lier entre eux tous les éléments disparates de ce vaste empire. C'est ainsi que les provinces les plus reculées de la Hongrie auront des chemins de fer presque avant d'avoir des routes, et que Venise et Milan seront rattachées à Vienne, en dépit des obstacles accumulés par la nature, aussitôt que Munich, ou peu s'en faut.

Mais si l'accroissement du réseau allemand dans le sud porte quelquefois l'empreinte d'un esprit de nationalité étroit, exclusif, ou celle des exigences impérieuses de la politique : si au point de vue abstrait de l'économiste, les résultats immédiats ne sont pas en proportion avec l'importance des sacrifices, il est certain du moins que ceux-ci porteront leurs fruits. Envisagés comme éléments du système général des voies de communication européennes, les chemins construits ou en cours d'exécution n'étaient pas tous immédiatement nécessaires, mais tous le seraient dans un avenir rapproché. En faisant des chemins de fer des instruments d'assimilation, la politique a dû intervertir un ordre naturel; mais elle a, par le fait, puissamment hâté l'accomplissement de l'œuvre d'ensemble, en s'imposant pour l'exécution des lignes les plus dispendieuses des sacrifices devant lesquels on eût à coup sûr reculé pendant longtemps, sans ce stimulant décisif.

Les progrès que le temps amène avec lui auront bientôt comblé les lacunes, et l'Allemagne se trouvera alors en possession d'un réseau moins méthodiquement tracé peut-être, mais certainement plus complet que si des considérations d'unité ou d'utilité directe, dégagées de toute préoccupation politique, avaient seules présidé à la répartition de ses éléments.

4. Il serait fort inutile de les énumérer longuement : il suffit de renvoyer le lecteur à la carte (Pl. I) qui représente l'état actuel de ce réseau ; mais il convient d'appeler l'attention sur la marche rapide de son développement.

Progrès dans les divers États. (Pl. I.)

Dès aujourd'hui, la Prusse possède un système complet qui, du Rhin à la Vistule, de la Baltique à la Haute-Silésie, rattache presque sans exception tous les points importants de ce vaste territoire. Au nord-est, elle pousse activement les immenses travaux du passage de la Vistule à Dirschau et de la Nogat à Marienbourg, et va combler ainsi la seule lacune qui existe encore entre Berlin et Kœnigsberg. A l'est, la ligne de Posen à Breslau par Lissa, les embranchements de Ratibor à Léobschutz et au district carbonifère de Cotuta, sont étudiés et seront prochainement construits. Au sud, une ligne directe va être exécutée de Magdebourg à Dessau pour se prolonger jusqu'à Leipzig, et une autre de Vittenberg à Halle par Bitterfeld, pour rattacher plus directement Berlin à Leipzig et à la Bavière. Dans la province du Rhin, la Prusse vient d'inaugurer l'important tronçon de Saarbruck, ceux d'Aix-la-Chapelle à Mästrecht et à Dusseldorf, de Gladbach à Ruhrort; une autre ligne est projetée de Cologne à Neus et Kréfeld avec prolongement éventuel vers la Hol-

Prusse.

lande (1), et une autre de Cologne à Giessen (Hesse grand-ducale). En Westphalie, le tronçon de Paderborn à Warbourg vient de rattacher la ligne de Munster et celle de Cologne à Minden aux chemins de la Hesse électorale. Un autre va unir directement Dortmund et Söest. La ligne de Munster se prolonge vers Rheine et va atteindre, par l'intermédiaire du Hanovre, la mer du Nord à Emden : Osnabruck est rattachée à la ligne de Cologne à Minden par un embranchement que le Hanovre pousse jusqu'à Lingen, sur la ligne précédente. Au nord, enfin, le gouvernement décide la construction d'une ligne de Berlin à Stralsund et se concerte avec la Suède, qui fait étudier un chemin de Stockholm au port d'Ystad : projet dont l'exécution, combinée avec un service de bateaux à vapeur, mettrait les deux capitales à quinze heures de distance.

Holstein. Les possessions allemandes du Danemark paraissent elles-mêmes entraînées dans le mouvement, mais il est vrai sous l'influence des capitalistes anglais, dont la féconde hardiesse supplée si souvent au défaut d'initiative locale. Les villes d'Itzehöe, Tönningen, Husum, Flensbourg, etc., doivent être rattachées, comme le sont déjà Rendsbourg et Glückstadt, à la ligne d'Altona à Kiel. Le réseau du Schleswig-Holstein sera alors complet. Il y aurait toutefois pour ce petit groupe une première mesure bien plus utile : ce serait de le tirer de son isolement par l'exécution du raccordement d'Altona à Hambourg; mais ces deux villes s'entendent pour repousser une jonction qui leur ferait perdre les avantages attachés à la position de tête de ligne.

Hanovre. Le Hanovre complète son œuvre en reliant directement sa capitale avec celle de la Hesse électorale par Göttingue et Münden, en prolongeant la ligne de Westphalie jusqu'à l'embouchure de l'Ems, et y rattachant Osnabruck. Un chemin transversal doit, dans un avenir sans doute prochain, rattacher Harbourg (sur l'Elbe) à Brème et Oldenbourg, se prolonger vers Groningue, de là vers Utrecht, Rotterdam et Amsterdam, et unir ainsi Londres et Hambourg par la voie la plus directe.

---

(1) Elle serait construite par la compagnie du chemin Rhénan (Aix à Cologne), qui chercherait ainsi à ressaisir son trafic gravement compromis par la concurrence de la ligne directe d'Aix à Dusseldorf; la construction enfin résolue d'un pont à Cologne consolidera du reste bientôt sa position.

Le Brunswick exécute, tant sur son territoire que sur celui du Hanovre, le tronçon de Börsum (chemin de Wolfenbuttel à Neustadt) à Kreiensen (chemin du sud hanovrien), et prolonge ainsi jusqu'à la ville de Brunswick la ligne directe de Bâle à Cassel. *Brunswick.*

La Saxe, reliée au réseau du nord suivant deux directions, par Halle et par Jüterbock : à la Silésie, à la Bohême, à la Bavière, n'a plus qu'à continuer la ligne directe de Leipzig vers Dessau, et à prolonger jusqu'à Zwickau l'important embranchement, qu'elle vient de terminer à grands frais, de Riesa à Chemnitz. Cette industrieuse cité et l'Erzgebirge saxon seront alors en communication directe avec la ligne du sud et surtout avec les houillères de Zwickau, dont les charbons ne leur arrivent aujourd'hui que par Leipzig et Riesa, c'est-à-dire par un détour qui décuple la distance.— Deux petites lignes, l'une de Dresde à Freiberg, l'autre de Dresde au petit bassin houiller de Tharand, sont à l'étude. *Saxe.*

La Hesse électorale longtemps inactive, et dont les hésitations n'avaient pu être vaincues que par la menace d'un isolement complet, est rattachée à Leipzig, à Francfort, et va l'être au Hanovre et à Paderborn. *Hesse Électorale.*

Le duché de Nassau commence les terrassements du chemin de Wiesbade à Niederlahnstein (près Coblentz), chemin destiné à compléter bientôt, en se prolongeant jusqu'à Deutz, la grande ligne de la rive droite du Rhin, de Bâle à la mer du Nord. *Duché de Nassau.*

Les duchés de Saxe vont, avec le concours de la Bavière, relier la ligne du nord bavaroise à celle de la Thuringe, — de Lichtenfels à Eisenach, — par Cobourg, Hildburghausen et Meiningen (*Main-Werra-bahn*). *Duchés de Saxe.*

La Hesse grand-ducale, après avoir terminé son contingent du Main au Weser, et formé, en reliant Worms et Mayence (aux dépens il est vrai de son chemin de la rive droite du Rhin) le complément de la ligne du Palatinat, projette une ligne directe de Darmstadt à Aschaffenbourg, sur le chemin de Francfort à Bamberg. *Hesse grand-ducale.*

Le duché de Bade, après avoir enfin soudé sa ligne à celle du Wurtemberg, va la prolonger à travers les cantons de Bâle et Schaffouse jusqu'au lac de Constance. — Quant au Wurtemberg, il regarde son système comme complet, au moins pour le pré- *Bade.* *Wurtemberg.*

sent, par le fait de sa jonction avec les lignes de Bade et de Bavière.

Bavière.

La Bavière vient de terminer le chemin du Palatinat, et travaille activement, de concert avec la France, à compléter sur la rive gauche du Rhin, par Weissembourg et Neustadt, la ligne de Bâle à Mayence; — elle atteint le lac de Constance par des travaux gigantesques (144,149), mais que justifie la perspective cretaine d'une jonction avec le réseau suisse par Brégentz (Autriche); elle se relie avec le Wurtemberg d'Ausbourg et Ulm, marche à l'ouest vers Aschaffenbourg et Francfort, à l'est vers Salzbourg et l'Autriche. Au nord, elle termine le petit embranchement de Neuenmarkt à Beyreuth; au sud, elle commence celui de Rosenheim à Kufstein (Tyrol); enfin elle doit mettre bientôt la main à l'œuvre pour joindre Munich à Ratisbonne.

Autriche.

L'Autriche continue sa tâche, souvent dans les circonstances les plus critiques, avec une suite qui atteste à la fois la puissance de sa volonté et celle de ses ressources. Construire des chemins de fer dans les contrées industrieuses, où tous les éléments du trafic sont accumulés, où ils n'attendent que ces voies perfectionnées pour se développer, c'est ce qu'on fait tous les jours; mais en doter largement des pays auxquels leurs mœurs et l'état de leur industrie semblaient refuser pour longtemps encore cette expression la plus complète du progrès matériel, — devancer ainsi la civilisation, — c'est une tâche qui ne manque assurément ni de hardiesse ni de grandeur. L'Autriche l'accomplit dans ses possessions de l'Est avec une remarquable persévérance. Les chemins hongrois n'ont pas à franchir, comme ceux du Nouveau-Monde, des fleuves gigantesques et des déserts immenses; mais aussi ils n'ont pas pour auxiliaires, comme au delà de l'Océan, le génie aventureux et fébrile qui du jour au lendemain vivifie et

---

(1) D'Aschaffenbourg à Hanau, la ligne est construite et sera exploitée par la compagnie de Francfort à Hanau.

transforme ces déserts ; le souffle plus tempéré de la civilisation européenne ne fait pas de ces prodiges.

Sans doute l'Autriche voit dans les chemins de fer, en même temps que des éléments de fusion entre tant de nationalités différentes (1), et quelquefois même antipathiques, un puissant instrument stratégique ; mais leur action pacificatrice est de tous les instants, et tend, par cela même, à rendre inutile le rôle qu'ils peuvent jouer comme moyen de répression.

Voici le bilan des lignes dont la construction est commencée ou résolue :

En Bohême :

Le chemin de Prague à Pilsen sur la Mies, et de là vers Hof d'une part, et de l'autre vers Nuremberg (Bavière) ;

Celui de Bustiehrad à Rubencz.

Dans l'archiduché d'Autriche, la Styrie et le royaume d'Illyrie :

Une ligne de Linz à Passau (Bavière), destinée, aux termes d'un traité conclu entre les deux États, à se prolonger plus tard d'un côté jusqu'à Ratisbonne, et de l'autre jusqu'à Vienne ;

Une ligne de Bruck à Salzbourg (Bavière) ;

Le chemin, poussé très-activement, de Laybach à Trieste ;

Une ligne de Marbourg ou plutôt de Cilli à Klagenfurt, traversant les districts carbonifères et industriels de la Styrie et de la Carinthie ;

Dans la Lombardie et le Tyrol :

Le chemin de Trieste à Venise ;

Le prolongement jusqu'à Milan de la ligne, exploitée aujourd'hui, de Venise à Brescia (2) ;

---

(1) Les lois de l'empire autrichien sont promulguées en neuf langues.

(2) Le petit chemin de Milan à Tréviglio, exploité depuis plusieurs années, devait former la tête de cette ligne à laquelle Bergame eût été rattachée par un embranchement. Mais, dans ces derniers temps, les intérêts de cette ville, importante en effet, ont trouvé des défenseurs assez influents pour faire remettre le tracé en question, et, à ce qu'il paraît, avec beaucoup de chances de l'attirer jusqu'à elle. Le tronçon de Tréviglio resterait alors isolé.

Le prolongement jusqu'au Tagliamento, et ensuite vers l'Isonzo, de la ligne de Venise à Trévise;

Un chemin de Vérone à Trente, Botzen et Inspruck, qui doit se souder, à Küfstein, à la ligne que construit la Bavière de Munich à cette ville.

En Hongrie, un système complet qui comprend :

1° *De l'ouest à l'est :*

Le prolongement vers la haute Theiss (Tockay) de la ligne, exploitée, de Vienne à Pesth;

Une ligne de Steinbrucke (chemin de Vienne à Trieste) à Agram (Croatie) et Temeswar (Banat).

2° *Du nord au sud :*

Une ligne de Vienne à Oedenbourg, Agram et Karlstadt, exécutée seulement jusqu'à Oedenbourg;

Une autre de Pesth à Szolnock et Szegedin (sur la Theiss), qui vient d'être achevée jusqu'à Ketshemet;

Une troisième de Tockay à Debreczin (capitale de la Haute-Hongrie), Grosswardein, Arad et Temeswar;

3° *Une grande ligne diagonale* qui doit partir d'Agram et se diriger par Tockay vers la Gallicie.

En Gallicie :

La ligne de Cracovie à Tarnow, construite jusqu'à Bochnia;

Le prolongement de cette ligne jusqu'à Lemberg, capitale du royaume;

La ligne de Tarnow à Tockay, formant le complément de la ligne transversale hongroise mentionnée tout à l'heure.

Prolongement sur le territoire russe. — Ces vastes projets, dont l'exécution subordonnée sans doute aux événements est poursuivie du moins avec une rare énergie, contrastent singulièrement avec la lenteur du progrès des chemins de fer dans les possessions moscovites. Cependant, cet immense empire se décide lui-même à accepter les voies nouvelles. Le tracé de Varsovie à Pétersbourg est complétement étudié et approuvé (1); le chemin de Pétersbourg à Moscou est en exploitation : de sorte que le jour n'est pas éloigné où les rails se prolongeront sans interruption de Bayonne à la première capitale de l'empire russe.

---

(1) Il passe par Kowno, Bialystock, Grodno et Walno.

5. L'active impulsion donnée en Allemagne à la construction des chemins de fer est surtout aujourd'hui l'œuvre des gouvernements : des 65o kilomètres livrés à la circulation en 1853, le quart à peine a été exécuté par l'industrie privée. La Prusse elle-même, après avoir débuté par l'application exclusive des concessions, a changé de système. Non-seulement le gouvernement s'est chargé de la construction de la plupart des nouvelles lignes, mais encore il tend à se substituer par voie de rachat aux compagnies; on lui attribue même l'intention d'user dans ce but d'un droit rigoureux, et d'amener à composition par la menace, suivie d'effet au besoin, d'une concurrence immédiate, les lignes dont il désirerait prendre possession avant le terme stipulé pour l'exercice du droit de rachat. L'exemple du chemin rhénan, exécuté à si grands frais, et compromis par une diversion qui pouvait être tout au moins ajournée (4), donne à cette présomption quelque apparence de réalité.

La construction et l'exploitation par l'État prévalent en Allemagne.

Prusse.

L'exécution et l'exploitation par l'État, qui ont prévalu de prime abord dans le Hanovre, la Hesse électorale, le duché de Bade, le Wurtemberg, n'y ont souffert aucune exception. La Saxe, après être partie du principe opposé, se trouve aujourd'hui à très-peu près dans la même situation que ces États. La ligne de Leipzig à Dresde, concédée à perpétuité, et le petit embranchement de Löbau à Zittau, sont seuls aujourd'hui la propriété des compagnies; encore l'exploitation du second est-elle prise à ferme par l'État. Plusieurs tentatives malheureuses, et en dernier lieu celle de la ligne de Chemnitz, concédée à une compagnie qui délaissa sa tâche à peine commencée, ont naturellement décrédité en Saxe le régime des concessions. Sans repousser absolument ce principe, le gouvernement n'est disposé à l'admettre, dans l'occasion, que

Hanovre, Hesse électorale, Bade, Wurtemberg.

Saxe.

sous la condition d'une période de jouissance extrêmement restreinte. Système vicieux, dans lequel une concession n'est possible qu'à force de compensations actuelles offertes aux compagnies à défaut d'avenir, c'est-à-dire en exagérant les charges immédiates de la fortune publique (1).

Grande Hesse. Le chemin tout nouvellement construit dans la Hesse grand-ducale, de Mayence à Worms et Ludwigshafen, a été, contrairement aux précédents de cet État, exécuté par une compagnie qui a obtenu du gouvernement un prêt de 3 millions de francs, ne portant intérêt que quand les actionnaires auront reçu 5 pour 100.

Bavière. Dans la Bavière proprement dite, tous les chemins terminés ou en cours d'exécution seront entre les mains de l'État, sauf la petite ligne de Neuenmarkt à Beyreuth, due au concours des ressources communales et privées.

Les conditions dans lesquelles ce concours a eu lieu attestent de la part des localités une intelligente appréciation de l'influence bienfaisante des chemins de fer : car elles excluent toute spéculation et ne constituent qu'un placement médiocre.

Il a été pourvu à la dépense de cet embranchement :

1° Par un emprunt de 1.680.000 fr., contracté par le conseil communal de Beyreuth et souscrit par la banque de Nuremberg ;

2° Par une somme de 63o.ooo fr., provenant des souscriptions privées. L'État va exploiter cette petite ligne et servira un intérêt de 4 1/2 p. 100 du capital de construction.

Bavière rhénane.
Elle fait
exception. Dans la Bavière rhénane, au contraire, l'exécution des chemins a été abandonnée aux compagnies. Voici sous quelle forme s'exerce le concours de l'État pour la

---

(1) C'est ainsi que le projet, débattu depuis longtemps, de la concession du petit chemin entre Dresde et Tharand, n'a pu encore aboutir, parce que le gouvernement refuse d'en prolonger la durée au delà de quinze ans.

ligne en cours d'exécution de Weissembourg à Neustadt (sur le chemin du palatinat) :

1° Le capital (4.400.000 fr.) reçoit pendant les travaux un
intérêt de 4 1/2 p. 100 ;

2° Le même minimum d'intérêt est garanti pendant une période de vingt-cinq ans à partir de l'ouverture, sous les conditions suivantes :

a. Retour du chemin à l'État, sans indemnité, au bout de
quatre-vingt-dix-neuf ans ;

b. Pendant la période de vingt-cinq ans, prélèvement de
1 p. 100 sur tout produit net excédant 5 1/2 p. 100 ; affectation
de ce prélèvement à la constitution d'un fonds de réserve destiné au service de l'intérêt pour les exercices pour lesquels la
garantie devra fonctionner ;

L'excédant au delà de 5 1/2 p. 100 sera d'ailleurs distribué
aux actionnaires en sus des 4 1/2 p. 100 ;

c. Continuation du même prélèvement aux mêmes conditions, après l'expiration de la période de garantie, jusqu'à ce
que l'État soit complétement indemnisé ;

d. Faculté de rachat après l'expiration des vingt-cinq ans,
moyennant le remboursement intégral du capital d'établissement et une prime aux actionnaires.

En Autriche, la construction et l'exploitation des   Autriche.
premiers chemins de fer ont été abandonnées à l'industrie privée ; ensuite un système mixte prévalut : construction par l'État, exploitation par des compagnies
fermières. Mais le peu de succès de ces opérations,
inaugurées d'ailleurs dans des circonstances politiques
très-défavorables, détermina dès 1849 le gouvernement à reprendre l'exploitation en régie. Tous les chemins de l'Autriche, de la Hongrie, de la Lombardie,
sont aujourd'hui entre les mains de l'État, à l'exception de la ligne du nord et du petit chemin de Vienne à
Brück (dit de Vienne à Raab). A la suite de longues né-
gociations, l'État a racheté en 1853 le chemin de Vienne
à Gloggnitz, tête de la grande ligne de Vienne à Trieste Rachat de la ligne
de Gloggnitz.

et à Venise. Cette opération menaçait de traîner en longueur, lorsque le gouvernement se déclara résolu à exécuter immédiatement, ainsi qu'il s'en était réservé le droit, une nouvelle ligne de Vienne à Gloggnitz : devant cette menace, la compagnie dut capituler.

Le rachat de la ligne du nord, tronc de réseau qui unit Vienne à la Bohême, à la Silésie, à la Gallicie, à la Hongrie, entre nécessairement aussi dans les vues du gouvernement; mais c'est une grosse affaire (1), dont les embarras financiers peuvent ajourner pendant longtemps encore la conclusions. — L'Autriche ne renonce pas d'ailleurs d'une manière absolue aux concessions, mais elle n'en fait que de peu importantes; ainsi le prince de Furstenberg a obtenu récemment celle d'un chemin à locomotives qui doit relier Prague au district carbonifère de Bustiehrâd, en profitant sur une certaine longueur du chemin à chevaux de Prague à Lana.

6. En somme, le principe posé aujourd'hui dans toute l'Allemagne, la Bavière rhénane exceptée, est celui-ci : construction et exploitation par l'État pour les lignes d'intérêt général, — par l'industrie privée pour les lignes d'intérêt local. — Mais comme cette distinction prête à une interprétation fort large, et qu'il n'y a pas de ligne qui ne se rattache d'une manière plus ou moins directe aux intérêts généraux, il en résulte que la part laissée à l'industrie privée est de plus en plus restreinte. De longs tâtonnements sans parti pris, une expérience prolongée des divers systèmes, aboutissent partout au même régime, — l'exploitation par l'État.

Haute portée de cette unanimité.
C'est un fait digne d'une sérieuse attention que cette unanimité, si évidemment exempte de parti pris. Il n'y a pas de pays où les chemins de fer soient plus popu-

---

(1) Les actions émises à 1.000 fl. oscillaient en 1853 entre 2.200 et 2.400; à ce taux, le chemin du Nord représente un capital de 280 à 300 millions de francs.

laires qu'en Allemagne, et les gouvernements ne seraient nullement embarrassés pour trouver des concessionnaires à des conditions favorables, si ce n'est pour
quelques lignes, plutôt politiques ou stratégiques, que
commerciales. Mais la conviction générale, en Allemagne,
est que l'exploitation des grandes lignes de chemins de fer
rentre essentiellement, par sa nature même, dans les
attributions de l'administration publique, quelles que
soient d'ailleurs les conditions plus ou moins avauta-
geuses auxquelles la concession serait possible (1).

7. Les compagnies ont prouvé et prouvent tous les
jours, en Angleterre et surtout en France, qu'elles
sont parfaitement aptes à assurer un bon service sur
les chemins de fer. Mais est-il possible de voir sans
quelque défiance l'usage de ces précieux éléments de
la richesse publique monopolisé entre les mains des
intérêts privés? Quand il est si important que la balance soit, en matière commerciale, tenue également
pour tous, n'est-il pas plus naturel et plus rassurant
de la voir dans les mains de l'État? A cet égard, sa
surveillance n'offrira jamais autant de garanties que sa
propre gestion.

Il est permis de croire que la question n'est pas dé·

---

(1) Des faits particuliers tendent quelquefois à donner à cette
opinion un caractère moins dégagé de toute considération per-
sonnelle. Il est certain, par exemple, que le gouvernement
saxon accepte avec une certaine difficulté la situation de la
compagnie de Leipzig à Drèsde, qui constitue pour ainsi dire
un État dans l'État. — Mais ces priviléges, jugés excessifs aujourd'hui, semblaient au contraire laisser aux concessionnaires
le mérite de la hardiesse, à une époque où personne ne soup-
çonnait l'avenir des chemins de fer, les gouvernements pas
plus que les compagnies. Si ces premières tentatives avaient
succombé sous des charges trop lourdes, l'exemple eût été funeste, et le mal plus grand que l'inconvénient de l'exagération
actuelle de leurs priviléges.

finitivement tranchée, en France : l'exemple de l'Allemagne contribuera peut-être un jour à la soulever de
nouveau, et à la résoudre. A cet égard, l'exemple de
l'Angleterre ne prouve rien pour la France; il ne prouve
même rien pour l'Angleterre : pour elle, il n'y avait pas
en effet de question possible; bon ou mauvais, le régime de l'exécution et de l'exploitation par l'industrie
privée était forcé; il est la conséquence d'une organisation économique si profondément enracinée, qu'une intervention directe de l'État serait considérée comme
une sorte d'atteinte à la liberté industrielle, et, à ce
titre, impossible. D'ailleurs le régime en vigueur en
Angleterre est peut-être le meilleur pour cette nation,
par les motifs mêmes qui le rendaient nécessaire; les
abus sont peu à craindre en présence de la constitution
puissante de l'industrie et du commerce, de l'associa-
tion qui sauvegarde tous les intérêts en les équilibrant.
On ne trouve en France ni les mêmes obstacles à l'exploitation par l'État, ni les mêmes garanties contre les
abus possibles de la gestion privée. Ce qui est praticable
en Allemagne le serait au même titre chez nous : il dé-
pendra des compagnies d'empêcher que cela ne devienne
nécessaire un jour.

§ II. — TRACÉ.

8. Les nations qui marchent à la tête de la civilisation européenne ont chacune leur rôle distinct dans le laborieux et rapide développement des chemins de fer. A l'Angleterre (à laquelle il est juste d'associer la Belgique, qui l'a suivie de près) revient l'honneur d'avoir la première compris leur importance, et de leur avoir appliqué sans hésitation les immenses ressources de son sol, de son industrie, de son génie pratique.

Part de chacune des grandes nations européennes dans les progrès des chemins de fer.
Angleterre.

La France, d'abord moins prompte à l'exécution, suivant son habitude, a apporté dans tous les détails de la construction, des aménagements, de l'organisation du service, la précision méthodique qui est le cachet ordinaire de ses œuvres. L'Allemagne, aux prises en plusieurs points avec des difficultés regardées d'abord comme presque insurmontables, a prouvé que la continuité des chemins de fer est possible partout; qu'ils peuvent franchir tous les obstacles, et cela sans changer de nature, sans sacrifier leur mode de traction, sans modifier la disposition du matériel de transport; et qu'en définitive si une route ordinaire est praticable, un chemin de fer l'est également.

France.

9. C'est là un résultat acquis, non comme un tour de force, réalisé par une sorte d'abus des moyens mis en œuvre, mais comme un fait pratique, qu'on met chaque jour à profit. La limite de $0^m,025$ adoptée en Allemagne pour les rampes l'est également en Piémont (1), en Suisse, partout enfin où se présentent

Rampes.

(1) La ligne de Gênes à Turin gravit même le versant méridional des Apennins par des rampes dont l'inclinaison atteint 0,035, et qui sont franchies régulièrement par des locomotives depuis l'ouverture, très-récente du reste, de l'exploitation. Mais, en admettant que la traction au moyen de locomotives soit toujours rigoureusement possible sur de telles rampes, il est hors de doute qu'elle ne pourrait, sous le rapport écono-

des circonstances de relief analogues. La France n'a pas eu jusqu'ici à appliquer cette limite extrême ; mais déjà l'administration a admis pour les chemins nouvellement concédés des rampes de $0^m,015$ et $0^m,017$, en laissant même entrevoir la faculté d'aller au delà.

On a cité bien souvent les résultats de quelques expériences faites sur des rampes beaucoup plus roides encore ; mais ces rampes étaient très-courtes : le temps, choisi à souhait, était favorable. Ces expériences, intéressantes du reste au point de vue mécanique, étaient donc sans valeur pour la solution de la question pratique, celle d'une exploitation régulière sur des rampes d'une longueur indéfinie. Peut-être n'a-t-on pas rendu assez complétement justice à la hardiesse réfléchie de l'habile et modeste ingénieur (M. Pauli) qui le premier, il y a cinq ans, osa admettre dans le tracé d'une grande ligne une rampe de $0,025$ sur une longueur de $5^k,4$ (de Marktschorgast à Neuenmarkt) (1).

Les rampes très-inclinées ont toujours une grande longueur. De semblables rampes ne sont d'ailleurs admises qu'à la dernière extrémité, et quand il faut recourir à tous les moyens pour frayer un passage au chemin de fer ; ces inclinaisons exceptionnelles coïncident donc et avec des travaux d'établissement très-considérables, et avec une grande longueur de rampe. Comme elles exigent des moteurs spéciaux, on se garderait, si ce n'est dans des circonstances toutes particulières, de les appliquer sur une faible longueur, parce qu'une aggravation mo-

mique, soutenir la comparaison avec un service de moteurs fixes convenablement organisé. C'est, d'ailleurs, en vue de ce mode de traction que les rampes de $0,035$ ont été admises ; et il ne s'agit aujourd'hui que d'une expérience, utile surtout parce qu'elle satisfait aux exigences actuelles du service, et permet d'étudier à loisir les détails du mode de traction définitif.

Des inclinaisons supérieures à $0,025$ existent aussi sur quelques chemins anglais, mais seulement pour de faibles longueurs.

(1) Voir le mémoire intitulé : *Des progrès des machines locomotives*, etc., Annales, des mines, 5ᵉ série, t. 1, p. 353.

dérée des dépenses de construction suffirait alors pour réduire l'inclinaison à un taux beaucoup moins onéreux pour l'exploitation. Il serait d'ailleurs imprudent, en général, de compter sur la vitesse acquise pour franchir avec un moteur ordinaire des rampes courtes, mais très-roides ; le moteur doit être, surtout sur une ligne importante, capable de démarrer au besoin en un point quelconque de son trajet.

10. Quant aux courbes, loin d'admettre, comme les rampes, une latitude de plus en plus grande, elles sont, au contraire, assujetties à une limite plus impérieuse que par le passé. Cette tendance est la conséquence immédiate des progrès de la vitesse, ainsi que de l'influence du tracé en plan sur le matériel, et de la défaveur qui frappe aujourd'hui le système américain. Adopté d'abord par les États du Sud de l'Allemagne, à cause de leur territoire accidenté, ce matériel ne put soutenir longtemps la comparaison avec le matériel anglais, dont les exigences pouvaient être d'ailleurs facilement tempérées. Aussi le premier est-il complétement abandonné aujourd'hui en Bavière. L'Autriche le conserve seulement pour le service des marchandises (1). Le Wurtemberg seul, où les idées américaines sont fort en faveur et appliquées du reste avec beaucoup d'intelligence, persiste à l'employer exclusivement sans y être contraint par les exigences du terrain.

Courbes.

11. Le tracé des passages les plus remarquables du

Détails sur les points les plus remarquables du tracé.

(1) Les grands wagons à huit roues sont regardés en Autriche, indépendamment des conditions de tracé, comme mieux appropriés que les autres au transport des marchandises. Cette opinion est professée aussi, quoique d'une manière moins absolue, par les ingénieurs de plusieurs lignes du Nord de l'Allemagne ; ainsi ces chemins, qui ont dès l'origine adopté le matériel anglais pour le service des voyageurs, font entrer un certain nombre de wagons américains dans la composition de leur matériel à marchandises (chemins de Berlin à Hambourg, de Berlin à Anhalt, de Leipzig à Magdebourg, de Westphalie, etc.). (*Voir la IIe section de cet ouvrage.*)

réseau allemand , — de Gloggnitz à Murzzuschlag (passage du Semring), de Neuenmarkt à Marktschorgast, de Geislingen à Ulm, — est bien connu en France. Je ne m'y arrêterai pas (1).

Passage des Alpes juliennes. — Le prolongement de la grande ligne de Vienne à Trieste présentait, pour la traversée des Alpes juliennes, des difficultés qu'on a réussi à vaincre, comme on l'espérait, avec un tracé bien plus favorable qu'au Semring. Les rampes ne dépassent pas 0,0166.

Section de Nabrésina à Trieste. — Les conditions sont plus satisfaisantes encore pour le difficile accès de la ville de Trieste; les rampes n'excèdent pas 0,012 Le chemin part du nouveau Lazaret; l'emplacement de la gare, parfaitement située d'ailleurs, est conquis à grands frais d'une part sur la montagne, de l'autre, sur la mer, par les remblais. La ligne suit la côte, passe à Contorello, Santa-Croce, et arrive à Nabresina, où doit se détacher la ligne de Trieste à Venise. Cette section de $15,^k8$, dont les travaux sont poussés avec une très-grande activité, rachète une hauteur de $122^m,30$ dont $118^m,80$ sur $10^k,7$.

Les courbes sont très-multipliées: leur nombre s'élève à 66, et leur développement à $6^k,2$, c'est-à-dire aux 2/5 de la longueur de la section : mais trois seulement de ces courbes atteignent la limite de 291^m, et toutes les autres ont des rayons beaucoup plus grands.

Ligne de Trieste (Nabrésina) à Venise. — Le tracé primitivement adopté de Nabresina à Venise, est remis en question malgré l'importance attachée par le gouvernement au prompt achèvement de cette ligne. On a reconnu que ce tracé laisserait les trains exposés pendant la plus grande partie de leur trajet, à des vents dont la violence et la continuité seraient un obstacle très-grave pour le service.

Autres chemins de l'empire autrichien. — La limite des rampes est très-peu élevée sur les autres chemins de l'empire autrichien: 0,010, sur la ligne du Nord, 0,009 sur celles de l'Est, 0,0077 en Lombardie, et sur la ligne du Sud, entre les passages des Alpes Noriques et Juliennes.

Quant aux courbes, les rayons de 380 mètres et au-dessous, jusqu'à 209 mètres, sont très-fréquents partout. En somme, la totalité des chemins exploités présente 73 p. 100 en ligne droite et 27 p. 100 en courbes, généralement fort roides.

Bavière. — En Bavière, aucune rampe n'excède 0,010, si ce n'est celle de Neuenmarkt.

Wurtemberg. — La même limite est admise dans le Wurtemberg : il n'y a qu'une seule exception, la rampe de 0,022 de Geisslingen.

---

(1) Voir le mémoire précité.

Les chemins saxons ne présentent qu'une rampe exceptionnelle, celle du chemin Saxo-Silésien, à la sortie de Dresde : l'inclinaison est d'abord 0,017 sur 1.700 mètres, et décroît ensuite. La hauteur rachetée sur une longueur de 5.579^m est 78^m,25^m : inclinaison moyenne 0,014.

Cette longue rampe est séparée de la gare par un palier de 680^m. On aurait pu réduire l'inclinaison : mais on a jugé que le voisinage d'une gare aussi importante que celle de Dresde, toujours bien pourvue de machines en vapeur, atténuait beaucoup l'importance d'une semblable réduction. Une fois le sommet de la rampe atteint, le tracé est, jusqu'à la frontière Silésienne, dans les meilleures conditions. L'inclinaison ne dépasse plus 0,0071 et les rayons excèdent 850^m, sauf deux courbes de 454^m, près de Löbau et de Reichenbach.

Sur le Saxo-Bohémien (Dresde à Bodenbach), les brusques inflexions du lit très-encaissé de l'Elbe est forcé d'admettre quelques courbes de 250 mètres.

Sur le chemin de Leipzig aux frontières bavaroises, on a réussi malgré les profondes coupures du terrain, à ne pas dépasser la limite de 0,010, qui n'est même atteinte qu'à partir de Werdau ; mais ces rampes ont une grande longueur, celle de Werdau et Reichenbach a près de 15 kilom. Les rayons ont pour limite ordinaire 610^m, mais s'abaissent quelquefois jusqu'à 168^m dans les stations.

La limite de 0,010 n'est dépassée nulle part sur la ligne de Riesa à Chemnitz ; le plan incliné de 2^k avec inclinaisons de 0,028 à 0,040 mentionné dans une publication de M. Baumgarten (1), ingénieur des ponts et chaussées, et qui avait été effectivement adopté, a pu être évité par un remaniement complet du projet : en présence d'une semblable amélioration du tracé, on doit se féliciter des obstacles qui ont retardé l'exécution de cette ligne.

Le Hanovre a été conduit à admettre sur la ligne en exécution vers Goëttingue et Cassel, des rampes de 0,0156.

Quelques rampes de 0,012, 0,013, 0,0135, se rencontrent également sur diverses lignes du territoire Prussien, mais toujours sur de très-faibles longueurs, ou quand la limite de 0,010 ne pouvait être respectée, comme elle l'a été par exemple, sur la petite ligne de Saarbruck, sans imposer des dépenses trop considérables.

12. 0,010 est, en résumé, le maximum qu'on s'attache partout à ne pas dépasser. — Jusque vers ce point, on regarde l'influence de la rampe comme se réduisant en

____

(1) Notice sur les chemins de fer allemands en 1844, p. 155.

général à un accroissement de consommation du combustible, si ce n'est cependant pour les trains à charge complète, qui exigent alors du renfort. Au delà, les conditions de la traction sont modifiées ; il faut pour la plupart des trains ou du renfort, ou des machines spéciales.

Quant aux courbes, 5 à 600 mètres est le minimum qu'on cherche aujourd'hui à atteindre, au prix même de sacrifices assez grands. Mais on est surpris de voir les ingénieurs admettre sans scrupule dans les stations des rayons d'une excessive petitesse. Leur influence sur le matériel est d'autant plus destructive, que les manœuvres se font en Allemagne presque exclusivement par les changements de voie.

Points singuliers du réseau allemand. Je termine cette introduction par le relevé de ce qu'on peut appeler les points singuliers du réseau allemand, en considérant comme exceptionnelles, les rampes dont l'inclinaison dépasse 0,010, et les courbes dont le rayon est inférieur à 350 mètres.

CHEMINS.	INCLINAISONS maxima.	LONGUEUR de la plus longue rampe ayant cette inclinaison	RAYON de courbes minima.	OBSERVATIONS.
	millim.	mèt.	mèt.	
Aix à Dusseldorf et Rubrort.	100,00	143	145,35	Plan incliné à machine fixe
Aix à Maëstricht	50,00	459	»	Embranchements.
Dusseldorf à Elberfeld. . . .	33,33	2.448	»	Plan automoteur.
Gloggnitz à Murzzuschlag.. .	25,00	3.170	190	»
Nuremberg à Hof.	25,00	5.385	284	»
Stuttgart à Ulm.	22,00	5.235	271	»
Wolfenbuttel à Hartzbourg. .	21,70	530	»	»
Dresde à Görlitz.	17,00	1.710	»	»
Laybach à Nabrésina.	16,67	»	»	»
Hanovre à Gœttingue.	15,60	9.260	»	»
Vohwinkel à Steele (dit : du Prince-Guillaume).	13,51	»	»	»
Dresde à Bodenbach	13,00	»	291	»
Elberfeld à Dortmund (dit : de Berg et de la Marche).	12,50	»	146	»
Nabrésina à Trieste.	12,00	»	291	»
Mecklenbourg.	»	»	149	»
Thuringe.	»	»	177	»
Duché de Bade	»	»	180	»
Main au Necker.	»	»	188	»
Elmshorn à Gluckstadt (Holstein)	»	»	203	»
Saarbruck.	»	»	320	»
Cologne à Minden.	»	»	320	»

PREMIÈRE SECTION.

—

TRAVAUX D'ART.

———

On ne doit pas s'attendre à trouver ici une description complète des travaux d'art des chemins de fer allemands. Quelques détails sur les ouvrages les plus importants ; des indications sommaires sur d'autres, de dimensions fort ordinaires, mais remarquables par certaines particularités, composeront cette rapide revue, dans laquelle j'insisterai seulement sur les types de travaux qui n'ont été appliqués jusqu'ici en France que sur une échelle restreinte, tels que les ponts en tôle, et en charpente. Divers renseignements, incomplets ou médiocrement intéressants par eux-mêmes, ont d'ailleurs été conservés comme pouvant contribuer à faire connaître l'état actuel de l'art des constructions en Allemagne.

———

§ I. — PONTS ET VIADUCS EN MAÇONNERIE (1).

PONTS.

13. Les constructeurs allemands ne manquent assurément pas de hardiesse, mais ce n'est pas dans leurs ponts en maçonnerie que cette qualité se révèle. 28 à 29 mètres pour l'ouverture, 1/5 ou tout au moins 1/6 pour la flèche, sont des limites qu'ils ne franchissent presque jamais, qu'ils atteignent même très rarement dans le même ouvrage. Ce n'est ni par habitude ni parce qu'ils

Timidité des constructeurs allemands en matière de voûtes.

———

(1) Ces deux dénominations, souvent employées indifféremment, semblent cependant devoir s'appliquer à des objets dis-

jugent qu'elles sont assez larges, et qu'il n'y aurait pas d'intérêt bien réel à les dépasser : la seconde limite, surtout, est érigée en précepte, au nom de la prudence. Une instruction générale sur la construction des ponts, élaborée par l'administration des travaux publics du Hanovre, et dont les ingénieurs des autres États acceptent volontiers les prescriptions, pose en principe que la flèche ne doit s'abaisser au-dessous d'un sixième qu'en cas de nécessité absolue ; et quand d'ailleurs les matériaux sont excellents, et la hauteur disponible assez grande pour permettre l'interposition de 0^m,3o de ballast au moins, entre le sommet des voûtes et les traverses.

On comprendrait qu'on assignât des limites corrélatives à la flèche et à l'ouverture, mais on ne comprend pas qu'on fixe l'une, indépendamment de l'autre. Si, en effet, les petites flèches sont suspectes, de grandes ouvertures, et à fortiori la coexistence des unes et des autres, doivent l'être par la même raison ; car, ce qu'on a à redouter, c'est l'exagération de la poussée.

Discussion des limites admises au Hanovre pour les ouvertures et les flèches.

14. Or, la poussée d'une voûte en arc surbaissée est, ou exactement ou à peu près, la même que celle de la voûte en plein cintre à laquelle elle appartient. Exactement, si le demi-angle au centre est plus grand que l'angle appelé improprement *angle de rupture* (1) ; à peu

tincts. J'appellerai *ponts* les ouvrages établis sur des cours d'eau relativement assez importants pour influer et sur le mode de fondations de la plus grande partie de l'ouvrage, et sur sa forme générale par les conditions de débouché. J'appellerai *viaducs* ceux qui ne franchissent pas de cours d'eau, ou qui en franchissent d'insignifiants relativement à l'importance de l'ensemble de la construction : ceux qui pourraient, en un mot, être remplacés par des remblais, avec ou sans passage voûté.

(1) L'angle qu'on nomme ainsi est, en réalité, celui du voussoir de *plus grande poussée de rotation.* Une rupture s'y produit en effet quand l'équilibre est rompu ou tend à se rompre, mais cette rupture n'est qu'un effet consécutif. Le véritable *angle de rupture* est celui du joint auquel correspond le mouvement virtuel de rotation de la portion de voûte qui se renverse, en tournant autour de l'arête d'extrados, par suite de l'excès du

près, si cet angle est plus petit; car la fonction varie
lentement aux environs de son maximum ; le voussoir
qui, par sa tendance à *tourner* autour de l'arête d'intrados de son joint inférieur ou à *glisser* sur ce joint,
vient exercer sur le joint fictif de la clef la pression maximum, est, à égalité de rayon, tout à fait ou presque
indépendant du degré de surbaissement. La poussée,
pour les voûtes les plus usitées, c'est-à-dire les voûtes
circulaires, dépend donc essentiellement du rayon d'intrados (ainsi que l'illustre Perronnet l'avait parfaitement
compris, quand il ne faisait entrer que cette seule variable dans sa formule empirique des épaisseurs à la clef).

Si donc on veut fixer une limite, c'est au rayon
qu'elle doit s'appliquer ; mais elle varierait évidemment avec la nature des matériaux : il y a pour chaque
espèce, un maximum que le rayon d'intrados ne peut
dépasser, quelle que soit l'épaisseur (1), comme il y a,
pour les ponts suspendus, une limite au rapport de la
flèche à l'ouverture, quelle que soit la section des
câbles. Cette limite théorique est facile à assigner dans

---

moment de la poussée, relativement à cette arête, sur le moment de stabilité : cette rotation s'effectue comme on sait
autour de l'arête du joint de naissance pour les voûtes en plein
cintre ou surbaissées, et autour de l'arête d'un joint intermédiaire pour les voûtes surhaussées. Le voussoir *de plus
grande poussée* comprend toute la demi-voûte dans le premier
cas et seulement une partie dans le second; tandis qu'au contraire l'angle *de rupture* s'étend seulement jusqu'aux reins
dans l'un, et jusqu'aux naissances dans l'autre; ce qui explique
les apparences inverses que présente la rupture dans ces deux
catégories de voûtes (Pl. II, *fig.* 12).

Pour les voûtes très-épaisses, pour lesquelles la poussée de
glissement l'emporte sur celle de rotation, et est par suite la
poussée effective, l'égalité des poussées a toujours lieu pour la
voûte en plein cintre et pour les voûtes en arc de même rayon
à cause de la petitesse de l'angle *de plus grande poussée* ou
simplement *de poussée* (26°).

(1) Il est presque inutile de faire remarquer que les plates-
bandes, à cause de l'obliquité de leurs joints, ne sont pas la
limite des voûtes en arc.

chaque cas, et la limite pratique lui est d'autant plus inférieure que l'exécution est moins parfaite.

Quand on ne dispose que de matériaux d'une résistance médiocre, il faut évidemment s'interdire les grands rayons ; mais on ne peut admettre, avec beaucoup d'ingénieurs allemands, qu'une grande ouverture et une petite flèche doivent inspirer de la défiance par elles-mêmes, indépendamment de la nature des matériaux, et qu'on ne puisse pas, sans témérité, dépasser des limites auxquelles correspond un rayon de $24^m,20$ seulement.

Si, en effet, partant d'une voûte en plein cintre de même rayon qu'une voûte en arc donnée, on suppose que les naissances se relèvent successivement, la courbe des pressions ne change pas théoriquement ; mais en pratique elle change en ce sens que l'influence du tassement, proportionnée au nombre des joints, est de plus en plus atténuée. La concentration des pressions vers les arêtes, qui accompagne les déformations dues aux tassements, est donc moins à craindre dans une voûte surbaissée que dans la voûte en plein cintre de même rayon sous la condition, bien entendu, d'une immobilité absolue des culées. Cette condition exige il est vrai, en ce qui concerne le danger d'un glissement vers les assises supérieures des culées, plus de précautions pour la voûte surbaissée, parce que son poids est d'autant moindre. Mais il faut toujours que cette condition soit satisfaite, et elle peut toujours l'être : et alors, loin d'aggraver l'incertitude qui règne sur la répartition des pressions, sur la grandeur de la charge maximum par unité de surface des joints, le surbaissement l'atténue, au contraire, à égalité de rayon.

Il l'atténue aussi à ouverture égale, par suite du développement décroissant de l'arc. La poussée croît rapidement quand la flèche diminue [à peu près dans le rapport inverse des quarrés des sinus des demi-angles au centre (1)], ce qui exige des culées plus stables et des matériaux plus durs ; mais si l'exécution devient plus difficile, elle ne laisse pas plus au hasard, à l'inconnu ; les exigences de la stabilité sont plus impérieuses, mais elles ne sont pas plus indéterminées, au contraire.

Les chemins de fer allemands présentent, sans contredit, quelques beaux exemples de ponts ; mais presque tous se ressentent plus ou moins de la timidité du constructeur, même ceux pour lesquels il avait à sa disposition des matériaux en quelque sorte hors ligne.

Pour cette importante catégorie de travaux, l'Allemagne est relativement à la France dans un état d'infériorité manifeste. Il est vrai que chez nous l'abondance et la bonne qualité des matériaux, le cachet de durée et l'aspect monumental qu'on tient à donner aux travaux publics, ont fait aux ingénieurs, plus que partout ailleurs, une véritable spécialité des ouvrages de maçonnerie. La timidité de leurs confrères d'outre-Rhin dans la construction des voûtes tient d'ailleurs en partie à ce que l'art des fondations hydrauliques est moins avancé chez eux. On suit sans doute les mêmes méthodes, mais avec moins de critique dans l'application, moins de sûreté de coup d'œil dans le choix de celle qui convient à un terrain donné. Le battage des pieux est quelquefois adopté légèrement et hors de propos ; l'emploi du béton, moins répandu ; sa fabrication et son emploi, moins soignés ; les mesures contre les affouillements, incomplètes, etc. La défiance dont les voûtes à petite flèche et à grande portée sont l'objet, tient donc en partie à un défaut de confiance dans la stabilité des piles, défaut justifié d'ailleurs par divers exemples.

15. En multipliant ainsi les points d'appui, surtout

_____

(1) En supposant les voûtes *semblables*, hypothèse toute naturelle, puisque l'épaisseur doit croître avec la poussée, c'est-à-dire avec le surbaissement, ou avec le rayon.

quand la hauteur est très-limitée, on aggrave la dépense des fondations, qui croît, toutes choses égales d'ailleurs, avec le nombre des piles; et, ce qui est pis encore, on est plus disposé, par suite même de l'élévation de cette dépense, à tenter sur les fondations des économies compromettantes. En même temps on restreint le débouché, on favorise l'action destructive des crues et des débâcles : on a, en un mot, avec une dépense égale si ce n'est même plus grande, une stabilité moindre.

Utilité pour les voûtes des mortiers à prise très-rapides et très-durs. 16. Il est vrai que l'emploi du mortier de ciment romain, si bien approprié à la construction des grandes voûtes, et dont on commence à tirer en France un si bon parti, est encore presque nul en Allemagne; mais ce n'est pas seulement parce qu'il y serait plus dispendieux, c'est aussi parce que ses avantages y sont moins bien appréciés.

Le ciment romain est cependant, par l'ensemble de ses propriétés, l'élément par excellence des mortiers qui entrent dans la construction des voûtes. Sa prise rapide (trop rapide même) permet de faire en toute sûreté un décintrement immédiat : sa résistance à la compression annulle presque complétement le tassement, et les concentrations de pression qui en sont la conséquence. Cette résistance même, égale à celle des meilleures pierres, supprime la taille et permet l'emploi de matériaux bruts, quelconques, pourvu qu'ils soient assez durs. L'épaisseur des joints n'est plus limitée que par une seule considération, celle de l'économie; or l'élévation du prix du ciment est rachetée en grande partie par la suppression de la main-d'œuvre et des déchets de la taille. Il y a lieu d'être surpris que l'emploi du ciment appliqué en Allemagne dès 1848, comme on va le voir, ne s'y soit pas généralisé.

Les détails dans lesquels je vais entrer sur les principaux ponts en maçonnerie me dispensent de développer plus longuement les appréciations qui précèdent.

Pont de Wronke sur la Warthe (chemin de Stargard à Posen).

17. Le chemin de Stargard à Posen, prolongement de la ligne exécutée antérieurement de Stettin à Stargard, traverse trois voies navigables : près de Kreutz, la Netze, la Drage, son affluent ; puis près de Wronke, la Warthe, qui reçoit elle-même les eaux de la Netze. Les trois ponts sont en briques, sauf les avant-becs, construits en grès. Le dernier seul est important ; il a 194^m de long, est établi à $12^m,60$ au-dessus des eaux moyennes, et se compose de quatre grandes arches, et de quatre petites arches d'inondation. La Warthe, navigable depuis Posen, est sujette à de fortes crues et charrie souvent.

Les grandes voûtes ont $23^m,23$ d'ouverture, et un peu moins de 1/5 pour flèche ; leur épaisseur est constante et égale à $1^m,413$.

Les briques sont posées *en rouleaux*, comme en Angleterre : cette disposition est convenable pour les voûtes construites en matériaux à lits parallèles, parce qu'elle rend à peu près insensible l'inégalité d'épaisseur des joints aux deux bouts d'une même pierre et l'influence de ces inégalités sur le tassement.

Il y a trois rouleaux : celui de l'intrados, de deux briques ; les deux autres d'une et demie chaque.

Le mortier a varié de composition d'un rouleau à l'autre.

Il était formé :

Pour celui d'intrados, de 1 p. de ciment de Portland et 1 p. de sable.

Pour celui du milieu de 1 de ciment et 2 de sable.

Pour celui d'extrados, de 1 de ciment et 3 de sable.

Cette répartition est peu motivée. Ce n'est pas d'une zone concentrique à une autre, mais d'un segment à l'autre de la voûte, qu'il pourrait être utile de faire varier la composition du mortier. Le plus riche en ciment devrait être appliqué aux régions dans lesquelles les pressions tendent à se concentrer sur une petite surface, c'est-à-dire vers les naissances pour le rouleau inférieur, vers la clé pour le supérieur. L'excès de ciment employé dans la région moyenne de l'un, eût été mieux placé dans la partie correspondante de l'autre.

Quant à la combinaison du ciment romain avec la brique, elle ne saurait être critiquée, quand même il s'agirait de briques de qualité inférieure ; car si on ne peut alors utiliser complétement la résistance du ciment, on utilise du moins la rapi-

Détails sur les ponts les plus remarquables.
Pont sur la Warthe à Wronke (Pl. II, fig. 1 et 2).

Briques posées en rouleaux.

Composition du mortier, variable d'un rouleau à l'autre.

Avantages du ciment romain combiné même avec la brique ordinaire.

dité et l'uniformité de sa prise, et l'influence si favorable de cette propriété sur le tassement, et par suite sur l'état final d'équilibre de la voûte. Quoique moins prononcés pour la brique que pour les matériaux bruts, à cause de la régularité de sa forme et de sa résistance ordinairement médiocre, les avantages du ciment sont donc encore très-réels. D'ailleurs la brique employée ici était d'une qualité exceptionnelle. L'expérience a donné en moyenne, pour sa résistance à l'écrasement, 13o kil., chiffre bien rarement atteint par la brique, et qui place celle-ci sur la même ligne que le mortier le plus dur fait avec nos ciments de Pouilly et de Vassy (c'est-à-dire celui qui renferme des volumes égaux de sable et de ciment.

L'argile employée à la fabrication d'une grande partie de ces briques provenait du lit même de la rivière et de ses bords. Les déblais des fouilles ont même été utilisés pour cet usage. Cette argile était très-pure, ni calcaire ni ferrugineuse, et on la mélangeait avec 1/3 de sable. Les deux espèces de briques mises en œuvre ont des teintes très-différentes, l'une claire, l'autre foncée, et dont on a tiré un parti assez heureux pour l'aspect du pont.

Cintres. — L'activité de la navigation, pendant l'été, avait déterminé à exclure des cintres (*fig.* 1) tout support intermédiaire. Aussi n'avaient-ils pas la rigidité nécessaire. Un approvisionnement convenable de matériaux sur le sommet, a suffi, du reste, pour rendre leur forme sensiblement invariable pendant la construction des reins.

Décintrement. — Le décintrement eut lieu quatorze jours après la fermeture des voûtes ; il suffit de chasser très-légèrement les cales des poteaux pour rendre les cintres complétement libres (1), ce qui confirme l'extrême petitesse du tassement des voûtes maçon-
Exemple du pont de Bercy. — nées en ciment. Le même fait a été observé tout récemment, de la manière la plus nette, au décintrement des grandes arches de 34^m,5o, surbaissées au 1/8 (rayon, 36^m,67), du pont du chemin de fer de ceinture, à Bercy. Les sacs de sable disposés, suivant la méthode connue, pour régler l'abaissement du cintre et empêcher la voûte de prendre de la vitesse, ont été complétement inutiles ; les voûtes ne suivaient pas sensiblement les cintres.

Voûtes dans les tympans. — Le pont de Wronke a encore quelque analogie avec le pont

---

(1) Par excès de précaution, on les laissa en place pendant quelques jours, mais sans qu'ils reprissent charge le moins du monde.

de Bercy sous deux autres rapports; la nature du terrain, et l'évidement des tympans. Ils sont élégis par un système de petites voûtes longitudinales v, v (*fig.* 1 et 2), aboutissant sur chaque pile à une galerie transversale, u; mais cette disposition ne figurait pas dans le projet et a été introduite après coup, par suite de quelques mouvements inquiétants des piles, qui imposaient l'obligation de mettre tout en œuvre pour réduire leur charge.

Le fond est formé d'un banc d'argile, de 12 à 22 mètres de puissance, qui affleure sur l'une des rives, et plonge ensuite sous une couche de sable d'épaisseur croissante. Les piles en rivière ont été fondées sur pilotis et grillage. Les pieux ont 9m,40 de long et 7m à 7m,50 de fiche; leur refus était de 0m,02 par volée de trente coups d'un mouton en fonte de 900 kil., manœuvré à tiraudes (1). L'enceinte était formée de palplanches de 9m,40 de long, assemblés à rainure et languette (2).

Ces pieux battus, on installa sur eux un échafaudage qui servit au battage des pieux de fondation. On fit alors l'épuisement au moyen de pompes à vapeur. Pour obtenir des joints étanches, on avait ménagé entre la languette et le fond de la rainure un intervalle, i, dans lequel on refoulait, avec un bourroir, de l'étoupe imprégnée de ciment de Portland. On faisait aussi dans le joint lui-même, en a, a (*fig.* 2), un véritable calfatage au moyen d'étoupe, de ciment, et de petits fragments de briques. Tous ces soins minutieux réussirent complétement.

Fondations.

---

(1) On employait pour cette manœuvre 55 sonneurs, nombre exagéré et très-peu favorable à l'ensemble, et par suite à l'économie du travail. Mais on a battu aussi à déclic, et on a été conduit à regarder la sonnette à tiraudes comme bien préférable pour le battage dans le sable, à cause de la lenteur de la manœuvre à déclic et de l'influence très-prononcée du temps sur la résistance à l'enfoncement dans ce terrain. Il était donc essentiel surtout que les coups se succédassent rapidement. — C'était l'inverse pour le battage dans l'argile.

(2) On a eu, dans le courant de ce travail, à extraire trois palplanches qui refusaient absolument d'avancer, soit à tiraudes, soit à déclic. On essaya, mais sans succès, d'employer d'abord la sonnette et le câble de mise en fiche, puis un grand levier et une chaîne. On ne réussit qu'en installant sur les moises de l'enceinte, de part et d'autre de la palplanche à extraire, deux verrins à vis en fer, et en virant sur une grosse barre de fer, liée à la palplanche par une broche et des estropes. On trouva les fibres des bouts épanouies de part et d'autre du milieu, et indiquant la présence d'un corps très-dur. On détermina ses limites par des sondages, et on prit le parti de le comprendre dans l'enceinte.

La première pile, de 13^m,18 de long et 4^m,39 de large, fut mise à sec en trois heures, sous une charge d'eau de 1^m,40, par deux pompes mues par une machine de douze chevaux. Il se formait çà et là quelques renards qu'on étouffait facilement.

Béton. L'épuisement fait, on recépa les pieux au *passe-partout*, et à une profondeur telle que le plancher fût exactement au niveau des plus basses eaux. Avant de poser les traversines, on dragua à vif entre les têtes des pieux, et on remplit l'intervalle, sur une épaisseur de 0^m,94, de béton préparé à pied-d'œuvre sur l'échafaudage, et composé de cailloux, de brique cassée, et de mortier contenant :

1 partie de chaux hydraulique.
1 — de trass.
1 — de ciment de brique.

Ce béton était massivé à la dame. On suspendait l'épuisement pendant le bétonnage. Au bout de trente-six heures la prise était complète ; alors on mettait le béton sec, et on posait les traversines, qu'on fixait sur les pieux par des broches en fer, puis le plancher.

Les piles de la rive droite, qui reposent immédiatement sur l'argile, ont été fondées aussi sur des pieux enfoncés à 7 mètres environ, et dont le refus était 0^m,007 au plus par coup d'un mouton de 675 kilgrammes, tombant de 4^m,71 (0^{mill}.,0022 par kil. mèt.).

Sur la rive gauche, le sable, très-ferme, recouvrait, sur une épaisseur de 4^m,70 à 6^m,30, un schiste argileux : les pieux pénétraient très-difficilement dans ce sable ; un mouton de 900 kilogrammes tombant de 4^m,70, ne pouvait guère les enfoncer à plus de 3^m. — Toutes les piles ont été cependant fondées de *Mouvements des fondations.* la même manière, avec plate-forme en béton saisissant les têtes des pieux.

On commençait à remplir les reins, lorsqu'on remarqua vers la droite un affaissement général, qui atteignait 0^m,144 pour la pile de rive et respectivement 0^m,091, et 0^m,025 pour les suivantes. L'amplitude de l'affaissement était donc en raison inverse de l'épaisseur du banc de sable recouvrant l'argile. Cette ob*Ils n'étaient pas causés par des affouillements.* servation devait suffire pour exclure la supposition des affouillements, à laquelle on s'arrêta cependant d'abord, parce que les enrochements n'étaient pas encore faits. Mais un examen attentif prouva qu'elle n'avait rien de réel. Les mouvements observés ne pouvaient donc être attribués qu'à l'insuffisance du nombre des pieux ou à celle de leur longueur de fiche ;

en un mot, à la faiblesse des fondations des piles établies sur l'argile. On s'attacha donc à diminuer la charge : telle fut l'origine de l'élégissement des tympans.

Les petites voûtes, construites en briques et mortier de ciment romain, sont extradossées horizontalement et recouvertes d'un double carrelage. — La forme est en brique cassée, qui constitue un ballast plus léger que tout autre, et recouverte seulement d'une mince couche de gravier. Les rails sont sur traverses, mais celles-ci reposent sur des longrines auxquelles elles sont boulonnées.

Pont sur l'Elbe, à Dresde.

18. Ce grand travail, commencé en 1846 et terminé en 1851, par MM. Lohse et Riedrich, a comblé la lacune que présentait la ligne de Berlin à Vienne par Dresde et Prague; il réunit la gare du chemin Saxo-Bohémien à celles, juxtaposées, des lignes de Dresde à Berlin et Leipzig d'une part, et à Görlitz de l'autre.

Pont sur l'Elbe, à Dresde (Pl. II, *fig.* 3 et 4).

Il se compose du pont sur l'Elbe et d'une série d'arcades, au nombre de 59, qui se prolonge sur la rive gauche. Sa longueur totale est 1.740 mètres.

Le pont proprement dit a 408 mètres de longueur et se compose de douze arches de $28^m,33$ d'ouverture en anse de panier et surbaissées au 1/4 à peu près (flèche, $7^m,36$).

Sept arches occupent le lit ordinaire du fleuve, les cinq autres appartiennent au débouché d'inondation. L'axe est rectiligne sur une moitié de la longueur, et courbe sur l'autre. (Rayon, 478^m).

Des treize piles en rivière, dix ont $4^m,53$ d'épaisseur; les trois autres, c'est-à-dire les culées et la pile intermédiaire, ont une épaisseur plus grande de moitié. Cette surépaisseur de la pile du milieu a permis de répartir sur deux campagnes la construction des voûtes.

Les avant et arrière-becs ont une forme ovoïdale regardée comme celle qui offre le minimum de résistance.

$$\text{Épaisseur des voûtes} \begin{cases} \text{à la clef.} \dots \dots \dots & 1^m,18 \\ \text{aux naissances.} \dots \dots & 1^m,65 \end{cases}$$

Le pont est double : un côté est affecté au chemin de fer et l'autre à la circulation ordinaire. Cette communication était impérieusement *réclamée* par le développement de la ville en aval du vieux pont. La largeur entre les garde-corps, qui est de 17 mètres, n'est pas divisée également : la route ordinaire a la grosse part, 9^m,06 ; et le chemin de fer, 7^m,94.

Les voies se raccordent avec la gare de Berlin et Leipzig, au moyen d'une rampe de 0,013, en courbe.—Le pont est en palier.

Tout ce grand travail, y compris le viaduc, est construit en grès tiré des excellentes carrières des bords de l'Elbe (Suisse saxonne).

Fondations.

Le fond de l'Elbe est de gravier ; néanmoins les piles en rivière ont été fondées sur pilotis, avec enceintes paraffouilles et enrochements ; celles de rive ont été fondées sur béton.

Pont sur le Neckar, à Ladenbourg (duché de Bade).

Pont de Ladenbourg (Pl. 11, fig. 5).

19. Le chemin du Mein au Neckar, construit par les gouvernements de la Grande-Hesse, de Francfort, et de Bade, possède deux ponts remarquables : celui de Francfort, sur le Mein, et celui de Ladenbourg, sur le Neckar.

Celui-ci est formé de sept arches de 27 mètres d'ouverture surbaissées au 1/8 (rayon, 29^m,28).

		mètres.
	des voûtes à la clef	1,20
Épaisseur	des piles aux naissances	3,00
	des culées	12,00
Largeur extérieure du pont		9,60
Longueur du pont		231,00

Rétrécissement du lit.

La longueur n'a pu être réduite à ce chiffre que par des travaux d'endiguement considérables, la largeur du lit naturel s'élevant à près de 400 mètres sur l'axe du chemin, qui le rencontrait d'ailleurs obliquement.

L'obligation de restreindre le moins possible le débouché, surtout pour une rivière sujette, comme le Neckar, à charrier par des eaux assez hautes, et le niveau peu élevé du chemin de fer, imposaient presque nécessairement des ouvertures et un surbaissement inusités au delà du Rhin, et devant lesquels on eût probablement reculé dans d'autres parties de l'Allemagne (13).

La dépense du resserrement du lit, dont la navigation recueille d'ailleurs le fruit pendant les basses eaux, était, du reste, hors de proportion avec l'économie obtenue par la réduction de la longueur du pont.

De nombreux sondages, poussés jusqu'à 6 mètres seulement (limite de la profondeur accessible aux petites sondes dont on disposait), avaient indiqué seulement un banc de gravier bien continu et à grains de grosseurs croissantes avec la profondeur ; déjà à $4^m,5o$ sa dureté était extrême : tout indiquait que des pieux y pénétreraient avec une grande difficulté, et comme il était très-peu probable que ce banc de gravier recouvrît un terrain décidément mauvais, on prit, fort à propos, le parti de rompre avec l'usage, pour ainsi dire consacré, des fondations sur pilotis, et d'établir les piles sur des plates-formes en béton. *(Fondations. — 1° Sur béton.)*

Il a été immergé, sur une épaisseur de $1^m,5o$, après dragage à vif du gravier, dans une enceinte formée de pieux de $o^m,15$ d'épaisseur, enfoncés à 3 mètres en contre-bas du béton. L'enceinte est flanquée d'enrochements fixés par de gros pieux battus irrégulièrement.

La continuité du banc de gravier étant interrompue, vers la rive droite seulement, par quelques nids d'argile, la culée de ce côté et la pile voisine ont été fondées sur pilotis et grillage, et par la méthode des caissons foncés, qui a paru, dans ces circonstances, beaucoup plus simple et moins coûteuse que la fondation par épuisement dans une crèche. Les bordages des caissons avaient $4^m,2o$ de hauteur. *(2° Par caissons foncés.)*

Ce pont est construit en grès du Neckar, avec tous les parements en pierre de taille. Commencé en 1844, il n'a été terminé qu'en 1848, après de nombreuses vicissitudes. Les maçonneries, qui n'avaient pas encore dépassé les hautes eaux, avaient surtout beaucoup souffert des crues de 1845. La dépense s'est élevée à 1.800.000 fr., non compris les travaux d'endiguement. Ce chiffre ne comprend pas non plus les frais de construction d'un pont provisoire en charpente, établi pour satisfaire aux conditions de délai stipulées entre les trois États contractants. Ce pont, construit en sapin, à une seule voie, et formé, comme le pont définitif, de sept travées de 27 mètres, a fait un bon service pendant deux ans.

Pont sur le Mein, à Francfort.

20. Ce pont, plus surbaissé encore que le précédent, et unique sous ce rapport, se compose de huit arches de 20 mètres au 1/10 (rayon, 26^m), et d'une travée mobile *(Pont de Francfort.)*

nécessitée par les bateaux à mâts fixes du Rhin, qui remontent le Mein jusqu'au vieux pont de Francfort.

Les piles, établies sur le rocher, à l'exception de deux fondées sur pilotis, n'ont que 2 mètres d'épaisseur; tout le pont est construit en grès du Neckar.

Travée tournant^e. Le chenal côtoyant la rive gauche, la travée mobile est accolée à celle-ci : c'est un pont tournant sur poutres en tôle, ayant son enclave sur la rive; le levier au moyen duquel on abaisse les supports des extrémités de la volée manœuvre également, pendant le jour, le disque qui couvre le pont, et pendant la nuit, le diaphragme qui démasque la lumière rouge du fanal; de sorte que le signal qui interdit le passage précède à coup sûr le déplacement du pont.

Il y a deux voies, bordées de chaque côté d'un trottoir pour les piétons avec escaliers d'accès (1). La plus ancienne avait été posée sur des dés enchâssés dans la maçonnerie en brique qui remplace très-désavantageusement le ballast. Ces dés se dérangeaient par les trépidations, disloquaient la maçonnerie, et y frayaient un passage à l'eau; aussi la seconde voie a-t-elle été posée sur longrines.— Ce pont a coûté 1.470.000 francs.

Pont sur l'Adige, à Vérone.

Pont de Vérone (Pl. II, fig. 6, 7 et 8). 21. Ce pont, terminé tout récemment et construit par M. Négrelli, ingénieur en chef des chemins de fer en construction dans la Lombardie et le Tyrol, est un des plus beaux ouvrages qu'on rencontre sur les chemins de fer de l'Allemagne et de ses dépendances.

Il est formé de cinq arches de 29 mètres d'ouverture, au 1/6 (rayon, 23^m,80), et construit en calcaire blanc coquillier jurassique, pierre d'excellente qualité tirée des carrières de Montorio, à 30 kil. de Vérone.

---

(1) Une des voies seulement appartient à la ligne du Main-au-Neckar, et l'autre au petit chemin d'Offenbach; celle-ci n'est, du reste, parcourue que par des trains vides. Les voyageurs trouvent économie de temps et d'argent à prendre et à quitter le chemin sur la rive gauche, à la station de Sachsenhausen, plus rapprochée du centre de la ville que la station de Francfort.

	à la clef,	aux naissances.
	mèt.	mèt.
Épaisseurs des têtes.	1,60	1,85
Épaisseur du reste de la voûte.	1,30	1,60

	mèt.
Epaisseur des piles.	5,00
Epaisseur des culées avec passage voûté de 4 mètres.	20,00

Chaque tête se compose de cinquante-cinq voussoirs d'un Chambres
dans les piles. seul morceau. L'autorité militaire a exigé qu'on ménageât les moyens d'interrompre très-facilement les communications entre les deux rives. C'est pour remplir cette condition qu'on a intercalé de chaque côté, entre la culée et le remblai, deux petites arches en briques a, a (avec têtes en pierre de taille), dont la pile intermédiaire renferme des chambres de mine. Ces petites arches, utiles d'ailleurs pendant les hautes eaux, pourraient sauter sans que le corps de l'ouvrage eût à souffrir ; mais plus tard le génie ne se contenta pas de cette faculté de destruction partielle, et exigea, en vue d'éventualités extrêmes, qu'on pratiquât également des chambres dans les deux piles de rive.

Le pont est fondé sur des pieux en mélèze espacés de 1 mètre Battage des pieux
à la vapeur. d'axe en axe, au centre, et de $0^m,50$ vers le pourtour. On se servait d'abord de sonnettes à tiraudes, mais on prit bientôt le parti d'organiser un atelier de battage à vapeur. La machine faisait tourner un treuil portant quatre manchons à embrayage mobile, de sorte que quatre sonnettes travaillaient simultanément. Deux ouvriers étaient affectés à chacune d'elles.

Les crèches étaient formées d'un corroi d'argile pilonnée entre deux enceintes ; l'une extérieure en palplanches, l'autre en béton à prise presque instantanée, composé de chaux hydraulique, pouzzolane et gros ciment de brique. Ces crèches étaient mises à sec par des vis d'Archimède mues d'abord à bras d'hommes, puis à la vapeur ; le grillage était installé à 3 mètres au-dessous des basses eaux, et les intervalles des pieux étaient garnis, jusqu'à 2 mètres en contre-bas du grillage, du mélange employé pour la construction de l'enceinte.

L'ouvrage terminé, les pieux d'enceinte ont été recépés au niveau des plus basses eaux ; on a exécuté tant à l'extérieur qu'à l'intérieur des enrochements considérables. Le régime de l'Adige est fort irrégulier ; elle est souvent torrentielle, et exige qu'on se prémunisse avec beaucoup de soin contre les affouillements.

Il y a de chaque côté des voies un trottoir porté par les consoles de la corniche ; il est bordé vers les voies par des balustres en pierre, et à l'extérieur par un léger garde-corps en fonte.

Pont de Rosenheim sur l'Inn (ligne de Munich à Salzbourg).

Pont sur l'Inn à Rosenheim.

22. Ce pont, encore inachevé, est l'ouvrage capital du chemin de fer de Munich à Salzbourg : il est fondé sur pilotis et grillage, formé de sept arches de $21^m,9$ d'ouverture, au 1/5 (rayon, $15^m,80$), et construit entièrement en pierre de taille des meilleures carrières du pays. L'épaisseur des piles est : $3^m,50$, celle des culées : $11^m,70$, avec passage voûté de $4^m,60$: celle des voûtes, à la clef : $1^m,16$. La dépense totale est évaluée à 968.000 francs.

Pont sur le Weser, près Minden (chemin de Cologne à Minden).

Pont de Rehme.

23. Cet ouvrage comprend : 1° le pont proprement dit, formé de cinq arches de 19 mètres au 1/6 et de deux petites arches de $7^m,50$ dans les culées; 2° un pont de décharge, séparé du premier par un terre-plein de 300 mètres, et formé de 9 arches de $11^m,30$.

Épaisseur des piles du pont principal. . . .	$3^m,00$
Idem. des voûtes à la clef.	$1^m,10$
Idem. des voûtes à la naissance.	$1^m,50$

Tout l'ouvrage est construit en grès de Porta, sur les bords du Weser.

Fondations.

Le fond est formé de gravier recouvrant sur $5^m,60$ d'épaisseur, des couches d'un schiste argileux très-solide.

Les piles et culées ont été fondées, dans un encaissement en palplanches, sur une plate-forme en béton de $2^m,60$ d'épaisseur, avec enceinte intérieure en béton de $3^m,50$ de hauteur.

Radier général en double enrochement.

Le lit du Weser étant très-sujet aux affouillements, on a formé entre les piles une sorte de radier général composé : 1° de fascines remplies de pierres; 2° d'un enrochement supérieur en gros blocs, qui se relève de chaque côté jusqu'au niveau des basses eaux.

L'épaisseur minimum de ce radier — fascinage et enrochements — s'élève à $2^m,20$; il a exigé 36.380 mètres cubes de pierres.

La dépense s'est élevée à 1.642.800 fr., dont 1.081.000 fr. pour le pont principal.

Les brise-glaces en charpente qui protègent les quatre piles de ce dernier ont coûté 40.000 francs.

Pont de Hallstadt, près de Bamberg, sur le Mein (ligne de Francfort à Bamberg).

24. Ce pont est formé de huit arches de $17^m,5o$ d'ouverture, au 1/5, et fondé sur pilotis. On tenait à terminer très-promptement la ligne de Bamberg jusqu'à Schweinfurt, et on mit en conséquence en réquisition tous les matériaux de bonne qualité qu'on trouvait aux environs. Aussi les piles sont elles les unes en granite, les autres en dolomie, et les voûtes en grès. Ce pont a coûté 571.000 francs et a été construit en dix-sept mois, à dater du battage du premier pieu, rapidité peu remarquable ailleurs, mais inusitée en Allemagne.

Pont de Hallstadt.

25. Les ponts en pierre sont assez multipliés sur les chemins bavarois, mais ceux qui précèdent présentent seuls quelques particularités. Je me bornerai à mentionner les autres :

Autres ponts en pierre des chemins bavarois.

1° Pont sur la Regnitz, près de Nuremberg : cinq arches de $22^m,1o$ en plein cintre ; prix, 696.000 fr.

2° *Id.* sur la Saale, à Unterkotzau, près de Hof : huit arches de 14 mètres; prix, 502.700 fr.

3° *Id.* sur la même rivière, à Motschendorf, au sud de Hof : neuf arches de $14^m,6o$ au 1/5; prix, 338.900 fr.

4° *Id.* sur l'Altmuhl (rivière qui se jette dans le Danube à Ketheim près de Ratisbonne) à Gunzenhausen : neuf arches de $14^m,6o$ au 1/5; prix, 250.000 fr.

5° *Id.* sur la Wörnitz à OEttingen (le chemin de fer traverse plusieurs fois cette rivière qui se jette dans le Danube à Donauwörth, mais les autres ponts sont en charpente) : cinq arches de $14^m,6o$ au 1/6 ; prix, 277.600 fr.

6° *Id.* sur la Wertach (à Kaufbeuren), affluent de la Leech à Ausbourg : quatre arches de 14 mètres ; prix, 501.000 fr.

26. On a appliqué à la construction de ces ponts, et entre autres à ceux du Main et de la Regnitz, une disposition de grues roulantes que M. Pauli regarde comme remplissant parfaitement les deux conditions d'économie et de rapidité pour la pose des matériaux, et à laquelle il attribue en grande partie la construction expéditive du pont de Hallstadt. Les *fig.* 1 à 9 (Pl. III), et 9, 10, 11 (Pl. II) représentent deux types de grues, applicables à des ponts de hauteurs différentes ; il

Grues employées en Bavière pour la pose des pierres de taille (Pl. II, fig. 9 à 11 et Pl. III, fig. 1 à 9).

paraît utile de les décrire malgré l'analogie qu'elles présentent avec les appareils employés aujourd'hui dans plusieurs gares de chemins de fer, pour le chargement et le déchargement des pierrres de taille. Ce n'est pas du principe qu'il s'agit, mais d'un mode d'application bien étudié et sur une échelle inusitée.

Grande grue à huit roues.
(Pl. III, fig. 1, 2, 3, 4).

Dans la grande grue à huit roues, le treuil est à $16^m,80$ au-dessus des longrines sur lesquelles elle roule. La voie transversale sur laquelle se meut le chariot du treuil à engrenage est établi sur deux poutres a,a, armées au moyen d'une sous-poutre boulonnée, d'un poinçon, et de tirants t, t. Chacune des deux fermes qui supportent les poutres est formée d'une sorte de chevalet entretoisé par des croix de Saint-André et des moises horizontales, et dont le chapeau reçoit les abouts des poutres, tandis que les semelles inférieures s'appuient sur les coussinets des tourillons des roues. L'invariabilité des angles au sommet est assurée, et la rigidité du système complétée, par les grandes contre-fiches c,c, les tirants $t't'$, l'entrait u, et les petites contre-fiches h, k. Les hommes chargés du service du treuil impriment eux-mêmes au système son mouvement de translation : une dunette d leur permet d'agir commodément sur une manivelle mm qui commande de chaque côté une des roues portantes au moyen d'engrenages coniques et des longs arbres b, f, et leur impriment des vitesses égales. La grande dunette D du treuil, et celle de la manivelle sont facilement accessibles au moyen de l'échelle de perroquet q.

Cette grue est rigide, légère, d'une construction économique, d'une manœuvre facile, et malgré sa hauteur elle ne tend ni à se déjeter ni à fouetter.

Petite grue à quatre roues,
(Pl. II, fig. 9, 10, 11, et Pl. III, fig. 5 à 9).

La petite grue, supportée par quatre roues seulement, ne diffère de la précédente que par sa moindre hauteur et sa construction plus simple.

Ces appareils réduisent au minimum la dépense du pont de service. Il est évidemment bien plus économique d'exhausser le chariot que le pont; mais l'application de cette disposition, qui intercepte le passage, est restreinte par les exigences de la navigation.

27. Il n'y a, dans le Wurtemberg, qu'un seul pont en pierre qui mérite d'être cité, c'est celui qu'on vient de terminer à Ulm, sur le Danube, pour le passage du chemin de fer d'Augsbourg. *Wurtemberg.*

28. On a construit sur les chemins hanovriens un certain nombre de ponts en pierre, mais d'une importance médiocre ; tels sont ceux : *Hanôvre.*

De Kragenhof sur la Fulda (ligne de Göttingue à Cassel): cinq arches de 21 mètres d'ouverture;
De Münden sur la Werra (même ligne) : six arches de 17^m,50.
De Northeim sur le Ruhme (ligne de Hanovre à Göttingue), *id.*
De Hildesheim (ligne d'Elze) : cinq arches de 14^m,60.

Les principes adoptés en Hanovre pour la construction des ponts en pierre excluaient leur emploi dans toutes les circonstances où il fallait conserver un grand débouché et ménager la hauteur. Aussi l'application de la tôle a-t-elle pris dans ce pays un développement remarquable (78), et y présente un intérêt dont les ouvrages en maçonnerie sont presque entièrement dépourvus.

29. Les ponts en pierre sont peu nombreux et peu importants en Autriche, où la traversée des grands cours d'eau, tels que le Danube et ses principaux affluents, n'a reçu encore qu'une solution provisoire (47, 131). Le seul ouvrage de ce genre qui mérite quelque attention est le pont de Steinbrücke sur la Sann, affluent de la Save (ligne de Grätz à Laybach), formé de trois arches de 24^m,70 d'ouverture : il est courbe et légèrement biais, construit entièrement en pierre de taille, et traité avec beaucoup de soin. *Autriche.*

Pont biais.

30. Je n'en ai pas rencontré un seul remarquable à ce titre. Aux yeux d'un grand nombre d'ingénieurs alle *Ponts biais.*

Chemin du duché de Bade.

mands , on n'a qu'une stabilité douteuse avec un biais prononcé , aussi l'évite-t-on presque toujours (1).

Les ponts biais sont assez multipliés cependant sur le chemin badois, mais on s'est contenté d'appliquer un système jugé depuis longtemps, la construction par arceaux droits. L'ouvrage le plus considérable de ce genre est le pont sur le Dreisam , (près de Fribourg-en-Brisgaw) qu'il traverse sous l'angle de 80°; il a 18 mètres d'ouverture et est formé de quatre zones de $1^m,88$ de long et surbaissées au 1/8. Ce n'est pas sans surprise qu'on voit, même sur les sections les plus récentes du chemin badois, ce mode de construction préféré aux solutions à la fois bien plus élégantes et bien plus pratiques adoptées partout ailleurs depuis longtemps. On avait d'abord, avec plus de raison, appliqué la disposition par arceaux à quelques passages inclinés, ou *descentes*, et on trouva plus simple en suite de l'étendre aux voûtes horizontales.

Chemin du Palatinat.

31. Les ponts biais, assez nombreux sur la ligne du Palatinat, sont sur une petite échelle, 9 mètres d'ouverture au plus. Mais ils portent du moins comme tous les ouvrages de cette ligne, et en général comme tous ceux auxquels M. Denis a présidé, le cachet d'élégance et de fini dans les détails que cet ingénieur sait allier à l'économie. Il a généralement appliqué à ces petits ponts l'appareil orthogonal convergent: ils sont construits en grès de hauteurs d'assises variables, et l'inégalité d'épaisseur des assises qui caractérise cet appareil permettait d'utiliser les matériaux, dont la taille était d'ailleurs à très-bas prix, plus complétement qu'avec l'appareil hélicoïdal. — En somme, ces ponts biais n'ont pas coûté sensiblement plus cher que s'ils eussent été droits.

---

(1) On remarque même sur le chemin de Venise à Vicence , près de la station de Ponte-di-Brenta, un pont droit exécuté pour le passage très-biais d'une route sous le chemin de fer; mieux vaudrait encore la disposition par arceaux et crémaillères du chemin badois.

VIADUCS EN MAÇONNERIE.

32. Un des traits caractéristiques des chemins de fer allemands, est la rareté des souterrains considérables, même dans les contrées accidentées. Il y a parti pris évident de les éviter presque à tout prix. D'une part, on admet au besoin pour les tranchées des profondeurs inusitées ailleurs ; de l'autre, on s'attache à se rapprocher autant que possible, par de longues et de fortes rampes s'il le faut, des dépressions des faîtes, de manière à faire rentrer la cote de l'axe dans des limites qu'on puisse atteindre par un déblai, ou du moins à réduire beaucoup la longueur du percement. Cette tendance à s'élever ainsi sur les flancs des faîtes, même lorsqu'ils n'ont qu'une faible largeur, conduit assez souvent à franchir des vallées ou des coupures profondes à des hauteurs beaucoup plus considérables que si on eût admis des passages souterrains, mais cette considération ne réussit pas à vaincre la répulsion dont ces passages sont l'objet.

Si cependant cette influence paraît incontestable dans beaucoup de circonstances, il ne faut pas la généraliser outre mesure et supposer qu'elle affecte constamment le tracé en pays de montagne. Il y a évidemment bien des cas où cette disposition à exclure systématiquement les souterrains, n'est pour rien dans la fixation des points culminants du chemin, et par suite dans la hauteur des ouvrages, viaducs ou remblais.

Les ingénieurs appliquent d'ailleurs ces deux derniers modes avec une égale hardiesse (33, 149), sans avoir en principe de préférence pour l'un ou pour l'autre, et en se laissant guider dans chaque cas par l'ensemble des considérations qui lui sont propres : nature et prix du terrain, des matériaux de construction, des terres disponibles pour les remblais, etc. Il est évident, du reste, qu'en Allemagne comme partout les remblais deviennent décidément inadmissibles au delà d'un certain point, parce que la progression rapide du cube et de l'emprise avec la hautéur fait, en tout état de cause, pencher bientôt la balance du côté du viaduc, lors même que l'avantage appartient évidemment au remblai pour des hauteurs moindres. Mais, à tort ou à raison, cette limite est placée en Allemagne bien plus haut que chez nous. Que ce soit ou non la conséquence logique des différences de conditions locales, de prix élémentaires, etc., on ne craint pas en Allemagne de donner aux remblais, ainsi qu'on le verra plus bas (144), des proportions devant lesquelles on reculerait à coup sûr en France.

Viaducs gigantesques de la ligne saxo-bavaroise. 33. Les deux viaducs les plus remarquables des chemins allemands et sans doute du monde entier, appartiennent au chemin de Leipzig à la frontière bavaroise. Considérée dans son ensemble, la ligne saxo-bavaroise est également remarquable par la hardiesse de son tracé au point de vue de l'exploitation, et par la variété des travaux gigantesques qui y sont accumulés. Quelques détails sur le tracé de la partie saxonne, sur les circonstances dans lesquelles on a été conduit à exécuter les colossales constructions du Göltzsch et de l'Elster, ne seront donc pas sans intérêt.

La ligne de Leipzig vers Hof (point où elle devait, aux termes du traité conclu entre les deux États, se rattacher au chemin bavarois) ne présentait pas de difficultés jusqu'à Reichenbach (1), mais ensuite elle ren-

---

(1) Je citerai en passant, comme une des conséquences du morcellement extrême de l'Allemagne, le rebroussement d'Altenbourg. C'est une petite ville, mais une petite ville qui a le titre et les prétentions d'une capitale. Le gouvernement du du-

contre successivement deux profondes vallées : à Netz-
schkau, celle de Göltzsch (petite rivière qui se jette
dans l'Elster à Greïtz), puis, un peu en aval de
Plauen, celle de l'Elster elle-même. D'après le tracé
adopté, elles devaient être franchies respectivement,
la première à une hauteur moyenne de 80 mètres environ, et sur une largeur de plus de 600^m; la seconde, à
une hauteur de 70 mètres et sur une largeur de près
de 400^m.

Si l'on songe que l'adoption de ce projet remonte à dix
ans, c'est-à-dire à une époque où des travaux de cet
ordre étaient sans précédents sur les chemins de fer,
où l'aqueduc de Roquefavour lui-même était encore inachevé, on appréciera à sa juste valeur la hardiesse des
ingénieurs qui n'ont pas reculé devant une semblable
tâche. On doit aussi rendre hommage à l'intelligente
fermeté du gouvernement, qui a su trouver dans les

---

ché, qui se serait certainement imposé de grands sacrifices pour
attirer le chemin de fer sur son territoire, s'il avait été possible qu'il lui échappât, a profité de sa position pour dicter des
conditions, et exiger que le chemin s'infléchît pour toucher la
ville, ce qui a exigé une gare en tête.

On trouve un autre exemple plus frappant dans les circonstances qui ont déterminé la création du port de Bremerhafen
(embouchure du Weser). Les progrès incessants de l'ensable-
ment de ce fleuve menaçaient gravement la prospérité de la
ville de Brême : l'amélioration de la navigation, et l'exécution
d'un canal latéral projeté depuis longtemps, lui étaient inter-
dites l'une et l'autre par le Hanovre et par le duché d'Oldenbourg,
propriétaires respectifs des deux rives. En créant de toutes
pièces un port à Bremerhafen, le gouvernement de Brême a
sauvegardé, autant qu'il dépendait de lui, les graves intérêts
qui lui sont confiés : mais la métropole ne peut communiquer
avec son port que par un service de bateaux plats. L'opposition
à vues un peu étroites qui a empêché la construction d'un canal
maritime empêche également celle d'un chemin de fer; il est
probable cependant qu'elle cédera bientôt à la pression légi-
time des intérêts généraux de l'Allemagne.

ressources limitées d'un petit État les moyens de subvenir à des travaux hors ligne, et soutenu résolûment le projet et ses auteurs contre des critiques passionnées, inspirées surtout par les intérêts qui se rattachaient au succès des tracés rivaux.

Impossibilité d'éviter ces constructions colossales.

Ce n'est qu'après avoir étudié le terrain à fond, discuté plusieurs variantes, qu'on a accepté avec toutes ses conséquences le tracé reconnu en somme le meilleur; le champ des études était d'ailleurs singulièrement rétréci par une condition qui dominait la question d'art, celle de ne pas sortir du territoire saxon. Cette condition interdisait toute déviation notable vers l'ouest; se diriger, à partir de Werdau, vers Greïtz et Elsterberg (Pl. I) était plus simple peut-être, mais c'était s'engager sur le territoire des principautés de Reuss, et sacrifier Reichenbach et Plauen. Ces villes furent protégées moins par leur importance que par le voisinage de la frontière.

Quant aux variantes vers l'est, comme Zwickau, si importante par ses houillères, devait nécessairement être desservie, presque toutes se dirigeaient vers ce point. On économisait ainsi l'embranchement qu'il a fallu construire à grands frais de Werdau à Zwickau; mais on ne pouvait ensuite atteindre Hof qu'en acceptant ou des travaux aussi coûteux en somme que ceux qu'on cherchait à éviter, ou des inclinaisons très-supérieures à la limite de 0,012, qu'on ne voulait dépasser à aucun prix (1).

Viaduc du Göltzsch.

Viaduc du Göltzsch.

34. Le viaduc du Göltzsch a $578^m,8$ de long et $80^m,10$ de hauteur, y compris les parapets Il devait se composer de quatre étages d'arcades, ayant respectivement $24^m,20 : 20^m,40 : 17^m,50$ et $16^m,50$ de hauteur, et des ouvertures croissant légèrement de bas en haut (de $11^m,87$ à $14^m,05$), par suite du décroissement d'épaisseur des piliers.

Sur la foi des sondages, qui n'avaient pas été assez multipliés,

____

(1) Tous les phases du projet sont résumées dans un opuscule intéressant publié en 1850 à Reichenbach sous ce titre : *Umfassende Beschreibung der Sächsischen Baier'schen Staats-Eisenbahn.*

on comptait que la profondeur à laquelle les fondations devraient descendre pour atteindre le terrain solide (grünstein) ne dépasserait nulle part 8 mètres à 8ᵐ,5o ; mais pour une des piles cette profondeur atteignait le double, et pour une autre, — la plus rapprochée du fond du thalweg, — le triple de ce chiffre.

Cette révélation tardive, survenant quand l'ensemble des travaux de fondations était déjà fort avancé, arrêta tout. Constaté, comme il aurait dû l'être, avant qu'on eût mis la main à l'œuvre, ce fait eût conduit à remanier complétement le projet, à augmenter les ouvertures ; mais, engagés par les travaux déjà exécutés, les ingénieurs n'avaient que deux partis à prendre : persister, exécuter, coûte que coûte, le projet ; ou bien le modifier partiellement, seulement dans la région où le sol se dérobait pour ainsi dire.

C'est à ce dernier parti qu'on s'arrêta. On supprima la pile la plus suspecte : une seule voûte de 28ᵐ,5o remplaça cette pile et les deux ouvertures de 11ᵐ,87,—et les deux piles voisines furent renforcées en conséquence.

Quant à la première pile mentionnée, on se résigna à pousser jusqu'à la profondeur de 16 mètres pour asseoir les fondations sur la roche, ce qui eût été excessivement dispendieux pour la seconde.

Des pilotis, et une épaisse plate-forme en béton à large empatement, auraient sans doute créé dans la masse de schiste et d'argile qui recouvrait ici le rocher, un terrain artificiel d'une résistance proportionnée à l'énormité de la charge. Mais on ne voulait à aucun prix placer les piles dans des conditions de fondations différentes. On redoutait des tassements inégaux. —Dans des circonstances ordinaires, l'importance attachée à un mode identique de fondation pour toutes les piles serait à bon droit taxée d'exagération ; mais ici, en présence des proportions inusitées de la construction, c'était de la prudence bien entendue.

Il est difficile que des modifications profondes, introduites en cours d'exécution, n'altèrent pas gravement le caractère architectural d'un grand ouvrage. C'est ce qui arriva ici. En substituant à l'élévation adoptée, pour la région moyenne du viaduc, deux grandes voûtes superposées, on a rompu l'unité, la continuité des lignes, conditions éminemment favorables à l'aspect de ces gigantesques constructions. A côté des grandes voûtes, les petites paraissent mesquines ; le rapport des pleins aux vides, de part et d'autre des ouvertures principales, semble exagéré. La modification apportée au projet primitif a été vivement critiquée ; si l'on ne peut méconnaître la gravité des motifs qui l'ont provoquée, on ne saurait contester non plus la justesse de ces critiques.

Tel qu'il est cependant, le viaduc de Göltzsch est un monument d'un effet très-imposant, et non moins remarquable par le soin qui a présidé à tous les détails de l'exécution que par ses proportions hors ligne.

Sa masse est d'ailleurs réduite par un système d'évidements bien entendu. Les voûtes des trois rangs inférieurs, de part et d'autre des grandes voûtes du milieu, ne sont pas continues, mais réduites à deux arceaux séparés par un intervalle égal à leur largeur commune. Les pieds-droits sont également percés de grandes baies suivant l'axe ; le fruit général est donné par des retraites au sommet de chaque étage. Ces retraites et les baies permettent de parcourir tout le viaduc au sommet du deuxième étage, — la continuité étant établie par l'extrados de la grande voûte du milieu, — et de saisir d'un coup d'œil les détails de construction.

Matériaux. Les fondations sont en granite ainsi que les douelles de l'étage supérieur. Les retombées de toutes les voûtes, les soubassements des piles et culées, et les tablettes qui recouvrent les extrados et les retraites, sont en granite ou en grès de l'Elbe ; tout le reste est en briques du pays.

Le travail exécuté en régie, sous la direction de MM. Wilke et Dost, a coûté 8.500.000 fr.

Les bois des échafaudages, débités en traverses, ont été utilisés pour la pose des voies.

Viaduc de l'Elster.

Viaduc de l'Elster. 55. Ce travail a été commencé plus tard que le précédent, et les ingénieurs ont mis à profit l'expérience acquise dans la construction de celui-ci, et les critiques qu'il avait soulevées.

Il a 272 mètres de longueur, 69^m,50 de hauteur maximum, parapets compris, et est formé seulement de deux étages, hauts de 34^m,50 et 35^m,50, divisés en arcades de 28^m,50 d'ouverture.

Ce viaduc a plus de légèreté, de hardiesse, et en quelque sorte un caractère plus moderne que celui du Göltzsch.

Les fondations n'ont pas présenté de difficultés particulières ; les piles sont toutes établies sur le rocher. La dépense s'est élevée à 3.880.000 francs.

36. Je me borne à ce peu de mots sur deux des exemples les plus remarquables de l'impulsion donnée par les chemins de fer à l'art des constructions. L'administration rassemble, sous la direction de M. le conseiller v. Ehrenstein, directeur des chemins de fer au ministère des finances, les éléments d'une description complète des grands travaux exécutés en Saxe depuis quelques années, et dus au concours d'une population industrieuse, d'ingénieurs habiles, et d'un gouvernement vraiment progressif. Cette publication sera à la fois un service rendu à l'art, et un acte de justice pour des travaux dignes de toute l'attention des hommes spéciaux.

37. On rencontre, sur la même ligne, plusieurs autres viaducs en maçonnerie, mais de dimensions ordinaires.

Tels sont ceux : de Leubnitz, de Steinpleiss, de Gospergrün, situés tous trois près de Verdau. Ils ont respectivement $23^m,5o$, $15^m,7o$, $18^m,3o$ de hauteur, et sont formés : le premier de neuf, le second de cinq et le troisième de treize arcades en plein-cintre, ayant $11^m,3o$ d'ouverture. Ils sont construits en briques.

Celui de Röttis, près de l'Elsterthal, formé de cinq arcades de $11^m,3o$ de diamètre et $12^m,5o$ de hauteur.

Celui de Grobau (près de la frontière bavaroise), formé de sept arcades en plein cintre de $8^m,5o$ et haut de $7^m,4o$.

Les ouvrages les plus remarquables des autres chemins saxons sont également des viaducs.

Viaducs des autres chemins saxons.

Je citerai, *sur la ligne saxo-silésienne, en partant de Dresde :*

Ligne de Dresde à Görlitz et Kohlfurth.

1° Le viaduc de Demitz, de 221 mètres de long et $18^m,14$ de hauteur maximum ; il est formé de onze arches en plein cintre de 17 mètres d'ouverture ;

2° Le viaduc de Bautzen (sur la vallée de la Sprée), de 227 mètres de long et 19 mètres de haut ; cinq arcades principales, en plein cintre, de 17 mètres d'ouverture, flanquées de chaque côté de cinq petites arcades de $8^m,5o$;

3° Le viaduc de Bachthal (entre Niethen et Kuppritz), de 93 mètres de long et 20 mètres de haut ;

4° Le viaduc de Löbau, de 186 mètres de long et 25^m,50 de haut, formé de sept arcades en plein cintre de 17 mètres d'ouverture.

Ligne de Leipzig à Dresde.

Sur la ligne ancienne et bien connue de Dresde à Leipzig, les viaducs de Moorborden (417 mètres de long, 20 mètres de haut, 25 arcades), et de Roderau, près Riesa (654 mètres de long, 63 arcades).

Ligne de Riesa à Chemnitz.

Les viaducs sont très-nombreux sur la ligne de Riesa à Chemnitz. Le plus important, celui de la Mulde à Döbeln, a 283 mètres de long, 56^m,60 de hauteur, et est formé de deux étages d'arcades. Comme sur presque tous les autres viaducs de ce chemin, les voies sont en courbe, mais l'ouvrage lui-même est polygonal, ce qui nuit à son aspect. Il est fondé sur des pieux battus dans un banc de gravier recouvrant une roche de grünstein. Les autres sont fondés immédiatement sur le rocher.

Les travaux d'art se succèdent sans interruption sur ce chemin. Il n'y a guère, sur les lignes de premier ordre, de sections avec lesquelles cette ligne, consacrée à des intérêts importants mais purement locaux, ne puisse soutenir la comparaison sous le rapport des difficultés vaincues.

38. Je citerai encore :

En Prusse :

Prusse. Viaduc de Görlitz. Décroissement du diamètre des piles.

Le beau viaduc de Görlitz, sur la Neisse (embranchement de Kohlfurth), construit par M. Weisbaupt. Il a 425 mètres de long, 34 mètres de hauteur au-dessus des eaux moyennes, et deux piles en rivière ; le diamètre des arcades, en plein cintre, au nombre de trente, décroît graduellement depuis 20 mètres (diamètre commun des trois arcades jetés sur la rivière qui coule au pied de l'escarpement de la rive gauche) jusqu'à 8^m,50, ouverture de la trentième. Ce décroissement, peu usité, est cependant d'un très-bon effet. Les deux piles en rivière sont fondées sur pilotis, les douze suivantes sur la roche (quartz compacte), et les autres sur un banc de sable très-ferme ; tout le viaduc est construit en granite tiré des carrières de Liebenau, près Görlitz. La voie est posée sur longrines, avec traverses de granite.

Le viaduc de Siegersdorf (ligne de Francfort à Breslau), sur la Quics (affluent du Bober, qui se jette lui-même dans l'Oder à Krossen); il a 127 mètres de long et 14^m,40 au-dessus des basses eaux. La rivière est franchie au moyen de cinq arches en plein cintre, de 15 mètres d'ouverture. Les piles, fondées sur grillage et pilotis, sont en pierre de taille jusqu'au niveau des plus hautes eaux et en briques au delà.

Le viaduc de la vallée du Bober à Bunzlau. — Longueur, 486^m,70; hauteur au-dessus des basses-eaux, 25^m,60. Il se compose de trente-cinq arcades en plein cintre, dont cinq, sur les deux bras de la rivière, ont 15 mètres d'ouverture et les autres 10 mètres. Tout cet ouvrage est construit en excellent grès de Doberau : il est fondé sur un banc de gravier d'une grande consistance et avec enceintes parafouilles pour les piles en rivière.

Le grand viaduc courbe de Borcette, près Aix-la-Chapelle, sur le chemin rhénan, de 267 mètres de long et 24 mètres de haut, celui de l'Inde (sur le même chemin), celui de Somborn, sur le Wupper (ligne de Dusseldorf à Elberfeld), etc., sont bien connus, comme tous les travaux de ces chemins déjà anciens. Je me borne à les mentionner pour mémoire.

Dans la Hesse électorale (ligne de Cassel à Eisenach) :

39. 1° Le viaduc de Guntershausen, sur la Fulda, dont l'histoire rappelle, quoique avec des suites moins graves, celle du viaduc de Barentin. Il a 30^m,8 de hauteur, 7^m,9 de largeur entre les parapets, et est formé de treize arcades en plein cintre, de 16^m,30 d'ouverture ; les piles, sauf celles de rive et les culées, ont 2^m,97 d'épaisseur à la base et ont été fondées sur grillage et pilotis ; tous les parements sont en pierre de taille (grès du pays), l'intérieur des voûtes en briques, et le massif des piles en maçonnerie de blocage.

Les conséquences de ce mode de construction suivirent de près le décintrement. Des indices d'écrasement et des lézardes se manifestèrent çà et là avec des caractères alarmants, surtout dans une des piles de l'arche du milieu, dont les parements se boursouflaient et surplombaient. On a mis cet accident sur le compte de la maigreur des piles, mais il est évident qu'avec un remplissage qui se dérobait sous la charge et ne permettait de compter que sur les parements, une surépaisseur même notable n'eût guère amélioré la situation.

Travaux
de
consolidation.

Armature de la
pile.

La conservation même de l'ouvrage fut pendant quelque.temps en question. De longues et minutieuses reprises en sous-œuvre réussirent cependant à arrêter les progrès du mal. Des canaux qu'on avait, comme en prévision de ce qui l'attendait, ménagés dans le massif pour faciliter la prise des mortiers, et qui débouchaient sur les parements par des orifices de $0^m,10$ à $0^m,11$ de côté, furent utilisés pour la consolidation de la pile qui menaçait ruine. On inséra dans les deux systèmes rectangulaires de canaux horizontaux des tirants en fer dont les écrous s'appuient sur de larges plaques de fer; on acheva de les remplir en mortier de ciment romain, et on boucha de même les canaux verticaux. Toutes les pierres écrasées furent d'ailleurs extraites et remplacées par des morceaux choisis avec beaucoup de soin; ce fut, en un mot, un véritable travail de mosaïstes.

La durée d'un ouvrage qui a exigé de pareils expédients est assez précaire. L'emploi de la maçonnerie paraît d'ailleurs, indépendamment des malfaçons, donner prise dans ce cas à des critiques fondées. La Fulda est sujette à de violentes débâcles; cette considération, jointe à l'élévation du niveau du chemin de fer, devait tendre à réduire le nombre des piles. Un pont en fer à grande portée eût été mieux approprié à ces conditions. Un autre pont en pierre, de proportions beaucoup moindres (trois arches de 14^m, et quatre de 11^m; hauteur, $11^m,60$), construit sur la même ligne et sur la même rivière, à Beiseförth, avait eu son brise-glace détruit, puis une pile et une culée fortement endommagées par les glaces. Sur des cours d'eau aussi incommodes, ces ponts à petites ouvertures exigent des estacades d'une grande solidité et d'un entretien dispendieux.

40. 2° Le viaduc de Haueda près Wârbourg (ligne de Cassel à Paderborn) sur une vallée au fond de laquelle coule un ruisseau, le Diémel.— Ce viaduc, placé à la frontière de Westphalie, a été exécuté à frais communs par la Prusse et par la compagnie du chemin de Frédéric-Guillaume ; mais la construction a été dirigée par les ingénieurs prussiens.

Viaduc de Haueda.

Il se compose de six arcades en plein cintre de 16 mètres d'ouverture et de 25 mètres de haut depuis la clef des voûtes jusqu'au fond de la vallée; les piles n'ont que $2^m,20$ d'épaisseur aux naissances ; tout l'ouvrage est en pierre de taille (grès du pays), sauf le massif des piles qui est en moellons calcaires, mais disposés cette fois par assises réglées. —Des écrasements se manifestèrent néanmoins au bout de quelque temps, surtout à la base des piles.

Mais ils provenaient moins du mode de construction que d'un défaut de surveillance dans la réception des matériaux ; car presque toutes les pierres écrasées appartenaient à des bancs de qualités inférieures, et leur remplacement a suffi pour rassurer sur l'état d'un ouvrage qui paraissait voué à une destruction prochaine.

En Autriche :

41. *Sur le chemin du Nord*, le viaduc de la Moldau à Prague, et celui de Brünn, qui s'étend de la Muhlbach à la Schwazawa : travaux sur lesquels je ne m'arrête pas à cause de l'ancienneté de leur date ;

Sur la section de Vienne à Gloggnitz : le viaduc de Baden, de 435^m de long et $6^m,30$ de haut.

Sur la ligne de Gloggnitz à Murzzuschlag (passage du Semring), de nombreux viaducs traversant des vallées étroites, mais souvent très-profondes. Voici, en partant de Gloggnitz, la récapitulation de ces ouvrages situés sur le versant nord, c'est-à-dire sur une longueur de $27^k,9$.

Viaducs du passage du Semring.

NOMS DES VIADUCS à partir de Gloggnitz.	Longueur.	Hauteur maxima.	Nombre des étages.	Nombre des arcades de chaque étage.		Ouverture des arcades.	Rayon de la courbe.	Inclinaisons.	OBSERVATIONS.
	m.	m.				m.	m.		
Payerbach.	285	29	1		5 8	19,30 9,80	285	0,010	(a)
Payerbach-graben. . .	38	16	1		3	»	»	0,025	
Kübgraben	48	17	1		3	»	190	0,022	
Hollgraben	86	30	1		5	»	»	»	
Abfaltergraben. . . .	105	30	1		5	»	»	0,022	
Jagergraben.	213	39	2	inf. sup.	5 9	»	190	»	
Gamperlgraben. . . .	124	37	2	inf. sup.	5 7	»	190	0,022	
Krauselkrause	105	34	2	inf. sup.	3 6	»	240	0,017	
Kalte-rinne.	219	46	2	inf. sup.	5 10	»	190	0,017	
Untere Adlitzgraben.	162	28,50	1		8	»	190	0,022	
Obere —	»	13,30	1		»	»	»	0,017	
1385									

(a) Sur la rivière Schwarzau (vallée dite de Reichenau) : les huit petites arches forment les abords.

La première des longues rampes de 0,025 suit immédiatement le viaduc de Payerbach. C'est principalement pour éviter de donner à cet ouvrage des dimensions beaucoup plus considérables, qu'on s'est abstenu de répartir les inclinaisons d'une manière plus favorable d'ailleurs; car il eût été facile de s'élever plus haut qu'on ne l'a fait sur la rive gauche, avant de traverser la Schwarzau.

En courbe, on a adopté pour ces viaducs les voûtes cylindriques avec têtes planes et piles en trapèze. Mais les cordons et parapets, profilés suivant la courbe, dissimulent la forme polygonale du corps de l'ouvrage.

Les viaducs inclinés, même ceux au 1/40, ne sont pas construits en *arcs rampants*. Les voûtes, circulaires et en plein-cintre, sont simplement étagées, le bandeau de chacune d'elles se prolongeant verticalement, vers l'aval, jusqu'au niveau de la retombée de la voûte précédente sur la même pile.

42. La brique domine dans tous ces viaducs ; en gé-
néral, dans les travaux d'art du Semring, on a tiré peu
de parti des matériaux variés qu'on trouvait à pied
d'œuvre (calcaire, quarzite, poudingue quarzifère, ro-
ches amphiboliques, schistes micacés grenatifères, etc.).
La dureté de la plupart de ces matériaux et le prix élevé
de la taille ont restreint leur emploi. La rapidité de l'exé-
cution a été aussi pour quelque chose dans la préférence
donnée à la brique.

Matériaux.

Un détail assez remarquable de l'exécution de ces
ouvrages est l'extrême légèreté, la simplicité des écha-
faudages : il n'y a ni assemblages, ni boulons, ni liga-
tures ; des brins de sapin sont réunis simplement par
des *serre-joints* de charpentier (Pl. II, *fig.* 13), qu'on
multiplie çà et là quand le système paraît peu solide. Il
ne paraît pas que ces échafaudages, d'un aspect mé-
diocrement rassurant, et fort en usage d'ailleurs chez
les maçons tyroliens, causent jamais d'accidents.

Simplicité des échafaudages.

Sur la ligne de Murzzuschlag à Trieste :

42. Entre Murzzuschlag et Laybach, le viaduc courbe de Pös-
nitz (46 arches) et celui de Plankenstein.

Entre Laybach et Trieste (section en cours d'exécution) :

1° Le viaduc de Franzdorf (30 kilomètres de Laybach), de
380 mètres de long, 38 mètres de haut, en courbe. Il est formé
de deux rangs d'arcades en plein cintre de 15^m,20 d'ouverture
et construit en pierre de taille.

2° Le viaduc de Herschendorf (voisin du précédent), de 285
mètres de long, 34^m,20 de haut, en courbe de 500 mètres de
rayon. Il est formé d'un seul étage d'arcades au nombre de
onze, et construit en pierre de taille et en briques.

En Lombardie :

43. Le grand viaduc des lagunes, à Venise, long de 3.800 mè-
tres, formé d'arches de 10 mètres d'ouverture et 1^m,80 de flèche
avec les voûtes en brique et les piles et piles-culées en pierre

de taille de 2ᵐ,12 et 10 mètres d'épaisseur, fondées sur grillage et pieux ayant 6 mètres de fiche. — Ce grand ouvrage , souvent décrit, est bien connu ; il a beaucoup souffert pendant le siége de 1848 : les Vénitiens l'avaient détruit sur 3oo mètres de longueur.

Bavière.

En Bavière :

44. Le viaduc de Schwabach, près Nuremberg, de 148 mètres de long et 19 mètres de hauteur maximum ; les trois grandes arches du milieu ont 21ᵐ,60 d'ouverture ; il a coûté 5o9.000 fr.

Wurtemberg.

Dans le Wurtemberg :

45. Le viaduc récemment terminé de Bietigheim sur l'Enz (ligne de jonction des chemins badois et wurtembergeois); il a 3oo mètres de long, 31ᵐ,60 au-dessus des basses eaux de l'Enz, et est formé de vingt et une arcades en plein cintre de 12 mètres d'ouverture. — Les piles sont contre-ventées par des arceaux surbaissés extradossés horizontalement. Cet ouvrage, le seul important en ce genre que possède le Wurtemberg , est construit en grès keupérien à grain très-fin et d'excellente qualité ; il repose sur les bancs du muschelkalk , à une profondeur variable de 4ᵐ,8o à 8ᵐ,4o.

Duché de Bade.

Dans le duché de Bade :

46. Le viaduc de Böllingen, de 135 mètres de long et 5ᵐ,5o de hauteur mesurée des rails au sol, formé de vingt arcades de 3ᵐ,6o et deux passages de 6 mètres. — Cet ouvrage n'a donc, quoiqu'il soit le plus considérable du chemin badois, que des dimensions fort ordinaires, et je ne le cite qu'à cause de la profondeur en quelque sorte disproportionnée qu'ont exigée les fondations. Le terrain solide (schiste argileux) se trouve, dans la région moyenne, à 2ᵐ,4o seulement de la surface ; mais vers les extrémités, il a fallu descendre à 5 mètres et même à 5ᵐ,4o : dans ces circonstances un remblai eût été bien plus économique ; mais le viaduc passe dans le village pour lequel on voulait avant tout atténuer les inconvénients de cette traversée.

Ce petit viaduc, courbe, entièrement construit en pierre de taille avec piles évidées par des portiques suivant l'axe, et orné de quelques sculptures aux tympans et aux bandeaux, est d'ailleurs d'un espace élégant.

§ II. — PONTS ET VIADUCS EN CHARPENTE.

PONTS.

47. La plupart des ponts construits sur les premiers chemins allemands étaient en charpente, tantôt sur piles en maçonnerie, tantôt sur palées. — L'abondance des bois; — la rapidité de l'exécution; — l'économie, considération décisive à une époque où tant d'incertitude planait encore sur les produits des chemins de fer, où il n'y avait de certain que la grandeur des sacrifices nécessaires; — la largeur des principaux cours d'eau; — la difficulté et la dépense des fondations; — souvent aussi la nécessité de ménager le débouché, et l'insuffisance de la hauteur : — tels sont, indépendamment de la défiance inspirée par les voûtes à grandes ouvertures et à petites flèches (13), les motifs qui faisaient généralement pencher la balance en faveur de l'emploi partiel ou exclusif du bois.

Ponts en charpente.

Motifs de la préférence donnée d'abord au bois.

Dans certains cas, l'imitation n'était pas étrangère à cette préférence. A ses débuts dans la construction des chemins de fer, l'Allemagne a fait de nombreux emprunts à la pratique des États-Unis. C'est surtout pour le tracé et le matériel qu'elle lui demandait des exemples; mais ses ingénieurs avaient pour mission d'étudier en même temps les travaux d'art. Frappés de la hardiesse, de la simplicité et de l'économie avec lesquelles les constructeurs américains savent mettre le bois en œuvre, ils rapportaient généralement des impressions favorables à ce mode de construction, sans remarquer que s'il est presque toujours avantageux, si ce n'est même nécessaire aux États-Unis (1), il est souvent inapplicable en Europe.

Influence de l'exemple des États-Unis.

---

(1) Il paraît cependant que les ponts en fer commencent à s'y multiplier.

Réaction contre
son emploi.

Courte durée
des
ponts en bois.
Exemples :

On commence à le reconnaître aujourd'hui ; la réaction s'est produite contre l'introduction du bois dans les travaux d'art des grandes lignes de fer, aussi bien que contre le matériel américain. La durée des ponts en charpente sur les cours d'eau a été souvent bien au-dessous des évaluations les plus modérées en apparence. Et cela est tout simple : ces évaluations étaient fondées sur l'observation des ponts appartenant aux routes ordinaires ; mais ceux-ci n'ont à supporter que des surcharges relativement faibles. On peut sans danger laisser les bois y parvenir à un certain degré de dépérissement, tout à fait inadmissible sur les chemins de fer. J'ai vu, en 1853, refaire en maçonnerie, près de Dresde, sur le chemin saxo-silésien, un pont en bois datant de 1842. Les autres avaient déjà été reconstruits ; ceux de Connewitz, près Leipzig (ligne saxo-bavaroise), sur la Pleisse, viennent également d'être remplacés. La rapidité de cette destruction a été plus frappante encore pour les ponts jetés en Hongrie sur les grands affluents du Danube, et pour lesquels on a employé le sapin du pays, dont la croissance est rapide et la texture très-lâche. Sous l'influence des variations de niveau très-considérables, les palées pourrissent rapidement sur une grande hauteur, et le tablier lui-même, soumis à une atmosphère constamment humide et à des températures souvent très-élevées, ne dure guère plus. Les ponts de la Waag et de la Grane, construits en 1847 par les États de Hongrie, menacent ruine aujourd'hui. Ce n'est qu'à force de consolidations qu'on prolonge leur service, et les trains les franchissent avec une extrême lenteur. Ces ouvrages n'ont jamais eu, il est vrai, qu'une destination provisoire : ils ont été même placés en dehors de l'axe du chemin de fer, pour laisser le champ libre à la construction des ponts définitifs. Mais leur dépérissement prématuré est à peu près indépendant de leur mode d'exécution, et sa cause réside surtout dans la désorganisation même des matériaux.

Ces exemples, qu'il serait facile de multiplier, réduisent à leur juste valeur les avantages attribués d'abord à l'emploi du bois pour les ponts des chemins de fer, surtout si on tient compte des exigences d'un service qui ne souffre pas d'interruption. — Aussi les ingénieurs allemands sont-ils à peu près unanimes aujourd'hui pour repousser l'application du bois aux ponts proprement dits, à moins qu'ils ne soient peu importants et d'une reconstruction facile. — Pour les grands cours d'eau, il s'agit maintenant de remplacer, sans se jeter dans des dépenses d'établissement excessives, cette solution, commode d'abord, mais très-onéreuse en fin de compte. Je dirai plus bas quelques mots de l'état de cette question intéressante, surtout pour les progrès des chemins de fer autrichiens (131).

48. La condamnation prononcée par l'expérience ne s'applique d'ailleurs jusqu'à présent, même pour les grandes ouvertures, qu'aux cas où le tablier doit être placé à une faible hauteur au-dessus de l'eau, et soumis ainsi à l'influence délétère d'une atmosphère constamment humide.

Quand il s'agit de franchir des vallées profondes, — c'est-à-dire pour les *viaducs*, — la question change de face : d'une part, la décomposition des bois n'est plus favorisée par une cause aussi puissante ; de l'autre, la facilité avec laquelle les ouvrages en charpente se prêtent aux grandes portées est alors d'autant plus précieuse, que la hauteur des piles rend leur construction fort dispendieuse. — Restreinte à ce cas, l'application du bois conserverait encore une grande importance. Je

reviendrai bientôt (65) sur quelques ouvrages remarquables exécutés dans ces circonstances, et pour lesquels
il semble qu'on peut espérer un assez long service.

49. Quant aux *ponts* exécutés à une époque où on con-
servait encore des illusions sur leur durée, ils présentent aujourd'hui fort peu d'intérêt, d'autant plus que
ces ouvrages n'ont, sauf un très-petit nombre d'exceptions, d'autre mérite que l'économie de leur construction, et n'offrent en eux-mêmes rien de remarquable.

Pont sur l'Elbe,
à Vittenberg.

50. J'entrerai seulement dans quelques détails sur
un travail mixte très-considérable, et dans lequel
le bois a été admis contrairement au principe posé d'a-
bord, mais auquel il a fallu déroger, par suite de considérations financières impérieuses : c'est le pont sur
l'Elbe, à Vittenberg, terminé à la fin de 1851, et jusqu'à
présent le dernier, en descendant son cours, que porte
ce fleuve. La construction de ce pont avait été résolue
dès 1843. Il n'était pas encore question alors du pont
de Dresde : le chemin de ceinture de Berlin n'existait
pas; de sorte que le tronçon de Vittenberg à Magdebourg avait à cette époque, au point de vue du trafic international, une importance qui est moindre aujour-
d'hui, quoique très-réelle encore. Plusieurs années
s'écoulèrent toutefois sans autre résultat que des
projets.

Projet primitif.

Un de ces projets comportant des arcs en fonte sur le petit
bras du fleuve, et des arches en pierre sur le grand, fut adopté
en 1847. On mit la main à l'œuvre : les fondations de plusieurs
piles étaient commencées, lorsque survint la crise financière
de 1848. Un projet plus économique pouvait seul prévenir un
ajournement indéfini. Celui qui fut adopté en 1849, et mis à
exécution, comprend :

1° Sur le bras principal :

Projet exécuté.

Quatorze travées en charpente (système de Howe) (63), dont
trois de 39ᵐ,80 et onze de 53ᵐ,70 d'ouverture.

Deux travées mobiles (pont tournant) en fer, de 12^m,56 d'ouverture chacune, accolées à la rive droite.

2° Sur la rive gauche :

Douze arches d'inondation en pierre, de 18^m,84 d'ouverture.

3° Sur le petit bras (*Taub-Elbe*) :

Cinq arches en pierre de 18^m,84 d'ouverture.

Le pont se compose ainsi de trente-trois arches ou travées; sa longueur totale est : 1251^m,3, et la largeur totale du débouché : 1055^m,7.

Les deux ponts sont réunis par un remblai de 1.590 mètres de long.

La hauteur des travées en charpente est : 5^m,97 (un peu plus du 1/10 de l'ouverture maximum), et la largeur dans œuvre, 4^m,16. Il y a de chaque côté, un trottoir extérieur, pour les piétons, large de 1^m,41 ; les maçonneries sont faites pour deux voies; une seule est posée.

Les trente-cinq piles et culées ont été fondées sur pilotis et grillage. Le cube des matériaux s'élève :

Pour les maçonneries à 55.979^{m3}, qui ont absorbé 46.885^{m3} de moellons, 1.767^{m3} de granite, 4.216^{m3} de grès et 5.451.000 briques;

Et pour les quatorze travées en charpente, à 3.162^{m3} de bois équarri.

7.000 quintaux métriques de fer et de fonte ont été employés pour le pont tournant, les travées en charpente, les garde-corps du pont en pierre et les fondations.

La dépense s'est élevée à 4 391.000 francs, chiffre auquel il faut ajouter : 1.556.000 francs pour travaux préparatoires, rectifications du fleuve, exhaussements des digues, ouvrages imposés par le génie dans l'intérêt de la défense, etc., etc.

3 machines avec leurs tenders, pesant en tout 90.500 kilogr., ont été placées successivement au milieu de cinq des travées de 53^m,71. La flèche a varié de 17 millimètres, 4 à 19 millim. 6, soit au plus 1/2740 de l'ouverture.
Épreuves :
1° Statiques.

Avec les mêmes machines lancées à grande vitesse, les flexions ont été respectivement. . 19,1 et 19,1 (mill.)

Pour les deux poutres d'une travée qui avaient fléchi, au repos, de. . . . . 17,4 et 17,9 2° Dynamiques.

Résultat conforme à la loi bien constatée de la faible influence du mouvement de la charge sur la flexion des systèmes trèsrigides, c'est-à-dire dont la flèche *de rupture* ne serait elle-même qu'une très-petite fraction de la longueur.

Relèvement des travées non chargées. Quand on chargeait une travée, on remarquait dans les deux travées voisines un relèvement qui, mesuré au milieu, ne dépassait pas 2 millimètres.

Pont sur l'Elbe, à Roslau. 51. Le premier pont construit sur l'Elbe pour le passage d'un chemin de fer, celui de Roslau (ligne de Berlin à Cœthen), a entraîné beaucoup moins de dépenses que le précédent. Il est sur arcs en charpente, avec piles en maçonnerie fondées sur pilotis, et livre passage à une voie de fer et à une route ordinaire. Sa largeur est $9^m,42$. Les arches, au nombre de cinq, ont : les deux extrêmes $39^m,25$, et les trois intermédiaires, $38^m,62$ d'ouverture, avec flèche de $1/10$. Les arcs sont au nombre de six par travée ; chacun d'eux est double et formé de quatorze cours de pièces de sapin ayant $0^m,31$ d'équarrissage, et divisés en deux séries, séparées par un petit intervalle, de sept pièces superposées. L'arc a ainsi $2^m,20$ de haut et $1^{m2},36$ de section transversale, soit $8^{m2},16$ pour toute la travée.

Effort imposé au bois dans les arcs de ce pont. Le poids d'une travée au $1/10$ peut être regardé comme uniformément répartie sur sa projection horizontale, d'autant plus que cette hypothèse donne sur la poussée une erreur en plus ; dès lors on a de suite graphiquement le rapport de la poussée au sommet, ou de la pression aux naissances, au poids de la demi-travée, y compris sa charge (1). P désignant ce poids, Q la poussée, on trouve :

1° En supposant que les points d'application sont : au $1/3$ de la hauteur du joint à partir de l'extrados au sommet, et aux $2/3$ à la naissance, $Q = 2,16P$. C'est la répartition la plus défavorable qu'on doive admettre. Au delà de ce point, c'est-à-dire pour une concentration plus grande encore des pressions, une certaine partie de l'épaisseur de l'arc ne constitue plus qu'une charge nuisible pour le reste. Un semblable état de choses ne

---

(1) Il suffit de mener (Pl. IV, *fig* .9) : une verticale par le milieu M de la demi-travée ; une horizontale par le point (α) considéré comme celui d'application de la poussée à la clef, et de joindre le point correspondant (6) du joint de naissance, et le point d'intersection (*m*) de la verticale et de l'horizontale. Les trois côtés du triangle *m6n* représentent respectivement la poussée, la pression sur le joint de naissance, et le poids, qui est connu.

pourrait donc être que la conséquence de graves malfaçons. On doit supposer l'épaisseur de l'arc utilisée de la manière la moins avantageuse, mais utilisée tout entière.

2° En supposant ces points au milieu des joints, $Q = 2,57P$, valeur identique à celle que donne la relation connue $Q = \dfrac{P}{\Phi}$ (Φ étant le demi-arc, mesuré dans le cercle dont le rayon est 1), à laquelle on arrive en exprimant que le déplacement horizontal du pied de l'arc, changeant de forme par l'application de la charge, est nul : identité toute simple, puisque cette relation s'obtient en considérant le solide comme réduit à son axe.

Ces deux valeurs sont les limites de la poussée, et c'est à elles aussi que correspondent, pour une charge donnée P, les limites de la pression maximum par unité de surface dans la section au sommet de l'arc.

p étant le poids uniformément réparti par unité de surface du tablier et ϖ la pression maximum par unité de section transversale des arcs, on a dans la première hypothèse $p = 0,0102\varpi$, et dans la seconde $p = 0,0171\varpi$. Et pour $\varpi = 400.000$ kilogrammes ($0^k,4$ par millimètre q.), $p = 4.080$ kil., $p = 6.840$ kil.

Or, la première même de ces charges est évidemment bien supérieure à la réalité. On est dans l'usage d'éprouver les ponts de chemins de fer à raison de 3.000 kilogrammes par mètre courant de voie simple : pour les $19^m,62$ de la demi-ouverture, cela donne 58.860 kilogrammes, répartis également, par les poutrelles, entre les trois fermes qui supportent la voie de fer, et équivalant à une surcharge de 636 kilogrammes par mètre quarré du tablier. Le pont est lourd par lui-même il est vrai ; le tablier a été, suivant l'usage assez général il y a quelques années, chargé d'une épaisse couche de ballast ; mais on est certain d'exagérer en évaluant à 2.000 kil. le poids du mètre quarré, c'est-à-dire en faisant $p = 2.636$ kilogrammes, charge à laquelle correspond pour ϖ, dans l'hypothèse de la répartition la plus défavorable, une valeur de 258.431 kilogrammes ou $0^k,26$ par mill. q. C'est seulement 1/15 de la résistance moyenne à la rupture (4 kil.) ; dans l'autre hypothèse extrême, celle de la répartition uniforme, on aurait $\varpi =$ seulement $0^k,154$ par mill. q. ou 1/26 de la résistance à la rupture.

52. Des équarrissages qui réduisent à un taux aussi faible les limites de l'effort éprouvé par les arcs peu-

vent être, au premier abord, taxés d'exagération. Mais il faut faire une large part à la tendance au déversement latéral, contre laquelle, au delà d'une certaine limite, les contrevents seraient impuissants. Il faut remarquer d'ailleurs que, s'il y a effectivement exagération ici, il en est de même, et au delà, pour la plupart des ponts sur arcs en fonte, dans lesquels la pression, calculée seulement dans l'hypothèse d'*une répartition uniforme*, est le plus ordinairement de $2^k,5$ à peu près,

Cet effort est, relativement, plus grand que dans les arcs en fonte. soit 1/32 de la charge d'écrasement, évaluée en moyenne à 80 kilogrammes. Il conviendrait même, si un rapport aussi faible est fondé en pratique pour la fonte, d'en adopter un plus faible encore pour le bois, puisqu'il faut tenir compte de son rapide dépérissement.

Type plus ordinaire sur les chemins allemands. 53. Les ponts construits sur le Danube (à Vienne et à Donauwörth) et sur ses affluents (la Waag et la Grane en Hongrie, la Wertach à Augsbourg, la Wörnitz, au-dessus et au-dessous de Harbourg (Bavière), appartiennent tous au même type. La voie est supportée par deux poutres armées formant garde-corps, consolidées près des appuis, par des contre-fiches. La poutre se compose d'un arc, tantôt simple, tantôt double, encadré par une tangente et une corde auxquelles il est relié par des poteaux. Quand il y a deux voies, elles sont séparées par une double poutre intermédiaire. Les ponts de Vienne et de Donauwörth sont à deux voies : le premier, sur palées simples, a vingt-trois travées de 18 et 19 mètres d'ouverture ; le second, sur piles en maçonnerie, fondées sur grillage et pilotis, a six travées dont les ouvertures varient de $17^m,50$ à $19^m,86$.

On admet encore le bois en Autriche, pour les ponts sur les cours d'eau secondaires. 54. Sans insister davantage sur des exemples dépourvus d'intérêt, je ferai remarquer que si, en Autriche, on renonce au bois pour les ponts considérables, on continue à l'admettre pour les ouvrages d'une importance médiocre, tels que les ponts sur la Murz, par exemple, que le chemin du sud traverse huit fois entre Murzzuschlag et Bruck. On adopte, autant que possible, sur les cours d'eau secondaires, une travée type de

19 mètres d'ouverture, à poutres garde-corps sans arc. Dans ces limites restreintes, les inconvénients du bois sont, en effet, beaucoup moins prononcés ; la durée est plus grande, l'entretien plus facile, la reconstruction plus prompte. Au point de vue des exigences du service, la question de durée perd d'ailleurs beaucoup de son importance quand il s'agit d'ouvrages à deux voies, car il est presque toujours facile de concentrer tout le service sur une seule pendant le temps nécessaire pour les réparations ou le renouvellement.

55. Le bois a été récemment appliqué sur une assez grande échelle, en Belgique, à la construction de plusieurs ponts sur les lignes de Charleroi à Namur et à Erquelines. Le pont de Farciennes, de 34 mètres d'ouverture et $3^m,60$ de flèche, est sur arcs en madriers de sapin pliés. Ces arcs, au nombre de quatre, ont $1^m,28$ de haut et $0^m,45$ de large : section totale des quatre arcs, $2^{m2},304$. Le tracé indiqué donne, pour le cas de la répartition la plus défavorable, $Q = 2,16 P$, d'où on déduit, le pont ayant $6^m,90$ de largeur, $p = 0^m,045 \varpi$: les bois supporteraient donc, à charge égale p, une pression plus de deux fois plus grande qu'au pont de Roslau. Mais on est encore bien loin de la limite ; la pression de $0^k,4$ ne serait atteinte que pour $p = 1.800$ kilogrammes, et le pont n'étant pas ballasté est bien plus léger que le précédent. Il a été éprouvé sous une charge uniforme de 881 kilogrammes par mètre quarré, tandis que 3.000 kilogrammes par mètre courant de chacune des voies représenteraient seulement 434 kilogrammes uniformément répartis sur le tablier.

Application du bois en Belgique.

Je passe maintenant à l'application du bois à la construction des viaducs.

VIADUCS.

56. Les viaducs de l'Elster et du Göltzsch sont assurément de magnifiques travaux. Ces ouvrages, qui défieront le temps, peuvent être à leur place sur les lignes de premier ordre : mais néanmoins s'ils n'existaient pas,

Viaducs en charpente.

si la question se présentait aujourd'hui, l'emploi du fer, et même celui du bois, seraient certainement discutés, et l'un ou l'autre aurait beaucoup de chances de l'emporter sur la maçonnerie. D'ailleurs des solutions moins dispendieuses sont seules à la portée des lignes secondaires, dont le trafic, plus faible, laisse d'ailleurs par cela même plus de latitude pour les grosses réparations des ouvrages à une seule voie. Aussi, tandis que la Prusse, dont le territoire ne présente pas de profondes coupures, applique presque exclusivement le fer et la pierre, suivant la nature du fond, les exigences du débouché. etc., l'Autriche, le Wurtemberg, la Bavière persistent dans l'emploi du bois, mais restreint aux circonstances définies plus haut (48, 54). — Les ingénieurs de ces États suivent dès lors, avec beaucoup d'intérêt, les progrès des constructions en charpente aux États-Unis. C'est à ceux-ci qu'est emprunté le type accueilli avec le plus de faveur dans le sud de l'Allemagne (63), et qui s'y répandra certainement dans quelques années, si les garanties de durée qu'il semble présenter se confirment.

Examen sommaire des divers systèmes de viaducs en charpente employés aux États-Unis. 57. Avant d'entrer dans quelques détails à ce sujet, il n'est peut-être pas inutile de retracer en peu de mots l'historique des divers modes de construction des ponts en charpente qui ont successivement prévalu depuis quelques années aux États-Unis. Cela semble d'autant moins superflu, que les derniers renseignements publiés en France sur ce sujet sont loin d'être de fraîche date et de résumer l'état actuel de la question.

Les ponts ou viaducs à grande portée, construits dans l'Amérique du Nord, se rapportent à cinq types principaux : 1° arcs sous le tablier; 2° arcs avec tablier inférieur (système de Burr) ; 3° treillis (système de Town); 4° système de Long; 5° système de Howe.

Arcs sous le tablier.

58. Cette disposition a été appliquée quelquefois sur une échelle gigantesque. L'exemple le plus célèbre est le pont *de la Cascade* (Cascade-Bridge), pour le chemin de fer de New-York à Érié, construit par M. Brown. Il est formé d'une seule arche de 84 mètres d'ouverture et $13^m,70$ de flèche (à peu près 1/6). Les fermes sont au nombre de quatre, et les deux intermédiaires juxtaposées. Chacune d'elles se compose de deux arcs concentriques, — en madriers superposés et réunis par des étriers et des boulons, — et dont l'épaisseur croît du sommet aux naissances; les deux arcs, espacés dans œuvre de $2^m,60$ au sommet et de $2^m,20$ aux naissances, sont reliés par des croix de Saint-André, et par des moises normales à l'arc, saisissant des poteaux verticaux, qui constituent avec elles et avec des liernes horizontales, des tympans à réseau triangulaire.

Les ponts sur arcs ne paraissent pas s'être multipliés, parce qu'ils sont d'une exécution moins économique, plus difficile et plus longue que les diverses variétés de ponts sur poutres.

Arcs avec tablier inférieur.

59. Un des exemples les plus remarquables de ce type, et le plus connu en Europe, est le pont de Trenton sur la Delawarre, formé de cinq travées, dont trois de 61 mètres d'ouverture, avec arcs de tête en madriers pliés auxquels le tablier est suspendu par des tirants en fer. La tendance aux changements de figure de l'arc et du tablier, sous l'action des charges, est combattue au moyen de contre-fiches obliques, buttant d'une part sur l'intrados de l'arc et de l'autre sur un longeron formant sa corde et qui entretoise les poutrelles suspendues aux tirants; mais cette corde ne subit pas la poussée, qui s'exerce toute entière sur les retombées de l'arc et les culées. Ce pont est un exemple remarquable de la longue carrière que peuvent fournir les ouvrages en charpente convenablement exécutés et placés dans des conditions favorables. D'après M. Culmann, ingénieur bavarois, à qui on doit un intéressant travail sur la construction des ponts aux États Unis (1), le pont de Trenton remonte à la fin du siècle dernier. Il servait depuis plus de quarante ans à une circulation fort active, lorsque le chemin de

____

(1) *Allgemeine Bau-Zeitung* de M. Förster, 1851, p. 69.

Philadelphie à New-Jersey fut construit; on l'utilisa pour le passage du chemin de fer, en y posant tout simplement les voies sans aucune consolidation.

Dans d'autres ponts du même constructeur, les arcs sont employés concurremment avec une poutre droite, armée au moyen de poteaux et de contre-fiches saisis par les pièces moisantes de deux ou trois étages d'arcs concentriques. — C'est alors l'entrait inférieur de la poutre qui supporte le tablier : les arcs ayant leurs naissances placées plus bas que celui-ci, exercent directement sur les piles et culées une poussée plus ou moins réduite d'ailleurs par la liaison de l'arc et de la poutre droite. — Burr paraît s'être attaché surtout à éviter de soumettre à des tensions très-considérables les entraits inférieurs des poutres à grande portée. — Le pont sur le Mill-Creek, près de Cincinnati, construit dans ce système, a 6o mètres d'ouverture et deux voies séparées par une poutre intermédiaire plus forte et plus haute que la poutre de tête.

Treillis (*Town*).

Système de Town.

6o. Ce système bien connu, et qu'on regarde généralement en France comme le type par excellence des ponts américains, est caractérisé par l'extrême simplicité des éléments mis en œuvre pour la construction des poutres : des madriers, et des chevilles. — Deux ou trois épaisseurs de madriers, superposées à joints croisés, et chevillées, composent l'organe essentiel ; quatre *cours* ainsi formés, saisissant deux à deux les extrémités de deux systèmes de madriers disposés en réseau ou treillis, constituent le *pan*; deux ou trois pans appliqués l'un contre l'autre forment la poutre; deux poutres supportent le tablier, posé sur les moises supérieures ou sur les moises inférieures. — Pour les grandes ouvertures, on place en haut et en bas du treillis deux groupes de moises au lieu d'un seul. — On peut ainsi, par la répétition des mêmes éléments et des mêmes opérations, sans assemblages, sans fer, sans autres pièces de charpente que les poutrelles, franchir des ouvertures énormes.

Pont de Richmond.

L'exemple le plus célèbre de l'application de ce système est le pont de Richmond, sur le James-Fluss (Virginie), construit par Robinson. Il formait une immense poutre de près de 6oo mètres de longueur, divisée en douze travées de 47 mètres, et portée par des piles de 1^m,80 d'épaisseur. Mais si ce grand travail est bien connu, son sort l'est moins. A peine était-il achevé qu'on s'aperçut que, construit à deux voies, il était incapable de supporter deux trains à la fois. Il ne suffisait pas d'interdire les croisements ; la répartition trop inégale du poids eût encore excédé les forces de la poutre la plus chargée. Les deux voies furent donc remplacées par une seule, placée au milieu : mais ce remède fut impuissant. Après avoir vainement accumulé de dispendieuses consolidations, armé le treillis par une série de poteaux verticaux, avec une sous-poutre supérieure et des contre-fiches buttant sur les piles, il a fallu se résoudre à la destruction de ce grand travail, destruction qui est probablement consommée aujourd'hui.

Cet insuccès peut fort bien tenir à des causes indépendantes du principe, et tout simplement à l'insuffisance des équarrissages ; mais toujours est-il que ce n'est pas un fait isolé. L'ensemble des observations faites sur les nombreux ponts de dimensions très-variées, construits en Amérique d'après le même système, l'a complétement décrédité ; et, sans s'occuper de l'améliorer, on l'a abandonné pour d'autres regardés comme préférables à tous égards.

Ce mode
de construction
est abandonné.

61. La conception de Town présente une certaine analogie de principe et de destinée avec le système de combles de Philibert Delorme, fondé comme elle sur l'emploi d'éléments très-simples, et applicable aussi à de grandes ouvertures. Mais dans l'un comme dans l'autre l'excessive multiplicité des pièces compense, et bien au delà, l'avantage d'une incontestable simplicité de construction.

Il est assez remarquable que les ponts en treillis, délaissés dans le pays où ils ont pris naissance, où ils ont été appliqués avec tant de faveur, trouvent aujourd'hui dans quelques parties de l'Allemagne de nombreux partisans à une condition, il est vrai, la substitution du fer au bois. Je reviendrai plus bas sur cette application (100).

Système de Long.

Système de Long.

62. Il se compose essentiellement de deux cours de pièces en charpente, réunis par des poteaux et par une croix de Saint-André dans chaque intervalle des poteaux; pour les grandes ouvertures, la poutre est armée par une sous-poutre appliquée contre les moises supérieures et deux contre-fiches.

Après avoir reçu des applications assez nombreuses, ce système est à peu près abandonné aujourd'hui. Ses détails étaient du reste bien étudiés.; son auteur a eu le mérite de discerner les conditions inverses de résistance dans lesquelles se trouvent les deux branches des croix de Saint-André, et de disposer leurs assemblages en conséquence.

Système de Howe.

Système de Howe.

63. C'est celui qui prévaut maintenant aux États-Unis et qu'à leur exemple l'Autriche, le Wurtemberg, et surtout la Bavière expérimentent aujourd'hui; il participe de ceux de Town et de Long, mais il est caractérisé par l'emploi partiel du fer. Les poteaux de Long sont remplacés par des tringles de fer, incapables de résister autrement que par extension, circonstance qui change notablement le mode d'action des croix de Saint-André, et simplifie beaucoup leur ajustement. Les deux branches de chaque croix travaillant alors par compression, toutes les pièces de la poutre sont simplement juxtaposées, et les boulons établissent seuls la solidarité de tout système et remplacent complétement les assemblages, les chevilles, etc. Les croix de Saint-André sont formées par trois systèmes de contre-fiches, les deux extrêmes croisant l'intermédiaire, de sorte que l'une des branches de chaque croix est double. Les

abouts de ces contre-fiches s'appuient sur des sommiers triangulaires traversés par les tirants ou boulons, disposés par couples de part et d'autre du rang intermédiaire de contre fiches.

Les deux poutres sont contre-ventées fort énergiquement ; quand il s'agit d'un viaduc proprement dit, c'est toujours sur le sommet que le tablier est posé, parce qu'on réduit d'autant la hauteur des piles et culées et qu'on laisse le champ libre pour faire au besoin des consolidations intérieures. Les poutres sont alors entretoisées en haut, — indépendamment des poutrelles, contrevents naturels, — par des croix de Saint-André et des boulons ; en bas par des traverses et des croix de Saint-André. Quand le niveau du chemin exige que le tablier soit porté par les entraits inférieurs, le contreventement au sommet est encore possible, parce que ces ponts ayant toujours de grandes portées, la hauteur des poutres dépasse celle des cheminées de locomotives.

64. Tel est par exemple le mode de construction du pont de 53 mètres d'ouverture jeté sur le Chikapoë (province du Connecticut). Ceux qu'on a construits en Allemagne n'en diffèrent que par un point essentiel. Les croix de Saint-André, au lieu d'être encadrées par deux boulons consécutifs, les réunissent de deux en deux ; leurs branches forment alors par leur croisement un véritable treillis, mais dans lequel toutes les pièces obliques sont comprimées, et très-différent en cela du treillis des ponts de Town.

Pour des poutres à grande portée, dont la hauteur croît par suite proportionnellement, il est nécessaire, en effet, de réduire l'intensité de l'effort de compression pour éviter de donner aux contre-fiches des équarrissages exagérés. Il importe d'ailleurs de ne pas donner une trop grande longueur aux tronçons qui constituent la plate-bande supérieure; ils tendraient sans cela à fléchir isolément.

Cette double condition est évidemment remplie en décomposant chaque tronçon en deux, trois..., parties égales, et appliquant aux points de division, de nouveaux sommiers, de nouvelles contre-fiches et de nouveaux tirants, en tout pareils aux autres (Pl. V, *fig.* 8). La charge appliquée à chaque sommet, et par suite l'équarrissage des contre-fiches et celui des boulons sont réduits à moitié, au tiers... On peut en outre profiter des points d'intersection de toutes les pièces, pour les relier par des boulons (65) ; liaison usitée également dans le treillis de Town, mais alors avec beaucoup moins d'avantage, à cause des conditions inverses dans lesquelles travaillent les deux systèmes de barres qui composent ce réseau.

On arriverait aux mêmes résultats en augmentant convenablement l'angle α dans le réseau simple, puisqu'on réduirait ainsi à la fois la longueur des contre-fiches et l'intensité de l'effort qu'elles subissent ; mais la disposition précédente est préférable à cause du surcroît de résistance due à la liaison opérée entre les pièces à leurs croisements.

65. C'est ainsi que sont disposés : en Autriche, le pont de Poganeck, sur la Save, près de Littaï (ligne du sud) ; en Wurtemberg, le pont du Danube, près Ulm (ligne d'Heilbronn à Friedrichshafen) ; en Bavière, les viaducs récemment terminés de Kempten, sur la vallée de l'Ill, de Waltenhofen, d'Ellhofer-Tobel et de Laiblach.

Pont de Poganeck. (Pl. III, *fig.* 9 et 10).

Les *fig.* 9 et 10, Pl. III, représentent l'élévation partielle et la coupe transversale d'une des travées extrêmes, de 47 mètres d'ouverture, du pont de Poganeck ; des boulons *b, b, b*, placés aux croisements (moins ceux du milieu, occupés par les grands tirants), roidissent l'un par l'autre les deux systèmes de contre-

fiches, et donnent au réseau, indépendamment des plates-
bandes, une résistance transversale notable. Les tirants t, t,
sont serrés au moyen d'un tendeur à vis ordinaire : leurs têtes
s'appuient sur des coussinets en bois appliqués contre le
triple cours de pièces qui encadre la poutre. Au sommet, ces
coussinets sont, de deux en deux, remplacés par des chapeaux
continus qui entretoisent les poutres, et servent d'ailleurs de
tirants pour le comble qui recouvre les deux voies.

66. Les quatre viaducs construits en Bavière sont à trois travées; les principaux sont ceux de Kempten sur l'Ill, et d'Ellhofer-Tobel, près Röthembach. Celui-ci est le plus récent, et on
y a introduit quelques améliorations de détail. Il est établi à la
hauteur de 32^m,70 au-dessus du fond de la vallée; la travée du
milieu a 40^m,88 d'axe en axe des piles, et les extrêmes 36^m,79
d'ouverture.

Viaduc
d'Ellhofer-Tobel.

Leur rapport $(:: 1,11 : 1)$ est loin de supposer
l'encastrement sur les piles, car dans cette hypothèse
l'égalité de résistance des travées correspondrait au
rapport $:: 1,50 : 1$ ou au rapport $:: 1,22 : 1$ suivant qu'il
s'agirait d'un poids appliqué au milieu, ou d'une charge
uniformément répartie (1). Quant à l'égalité des flèches
au milieu, elle aurait lieu dans les deux cas pour le rapport $1,20 : 1$ (2).

Je n'insisterai pas pour le moment sur la discussion
du rapport auquel on s'est arrêté pour tenir compte
approximativement de l'encastrement partiel; je re-

---

(1) La condition est (I et V ayant leur signification ordinaire):
Pour le poids appliqué au milieu :

$$\frac{8\,IR}{Va} = \frac{16}{5}\frac{IR}{Va'}, \text{ d'où } \frac{a}{a'} = 1,50 ;$$

Pour le poids réparti : $\dfrac{12\,IR}{Va^2} = \dfrac{8\,IR}{Va'^2}$, d'où $\dfrac{a}{a'} = 1,22.$

(2) La condition est : Pour le poids appliqué au milieu :

$$\frac{1}{192}\frac{Pa^3}{EI} = \frac{1}{48}\frac{1}{\sqrt{5}}\frac{Pa'^3}{EI}, \text{ d'où } \frac{a}{a'} = 1,20.$$

Pour le poids réparti : $\dfrac{1}{384}\dfrac{pa^4}{EI} = \dfrac{1}{185}\dfrac{pa'^4}{EI}$, d'où $\dfrac{a}{a'} = 1,20.$

viendrai sur cette question en traitant des ponts métalliques (117).

Hauteur des poutres, $4^m,20$, soit un peu plus du dixième de l'ouverture.

Les pièces du triple entrait inférieur sont assemblées bout à bout au moyen de plates-bandes en fer, appliquées sur leurs faces latérales, et boulonnées; ces plates-bandes portent de plus deux épaulements en fer e, e, fixés par des rivets et incrustés dans le bois (*fig.* 12). Les pièces sur lesquelles s'exerce immédiatement le serrage des boulons ne sont pas des coussinets en bois comme au pont de Poganeck, mais des barres de fer plates. Les sommiers des contre-fiches sont des prismes triangulaires en bois bouilli dans l'huile.

Forme des grands boulons. 67. Les détails des grands boulons, regardés avec raison comme la cheville ouvrière du système, ont été en Bavière, l'objet d'une étude minutieuse.

Ils n'ont pas de tête, mais un écrou avec contre-écrou à chaque extrémité. Au lieu de fileter simplement aux deux bouts une barre ronde de diamètre constant, ce qui réduirait beaucoup la section à cause de la saillie assez considérable qu'exigent les filets, on a fait venir à chaque bout un renflement cylindrique avec raccordement tronc-conique, d'une grosseur telle que le diamètre, même mesuré au fond du filet, surpasse notablement celui du corps de la tige. Cet excès est destiné à augmenter la surface hélicoïdale, en l'enroulant sur un noyau plus gros que le boulon.

Leurs dimensions. On a, dans ce viaduc, donné aux boulons des diamètres variables, croissant du milieu aux extrémités des travées. On s'est contenté, du reste, pour ne pas trop multiplier les types, d'adopter seulement trois séries de diamètres, appliqués symétriquement, de part et d'autre du milieu de chaque travée, à 1/6 de sa longueur.

Voici, pour chacune des trois séries, les trois diamètres destinés à réaliser à peu près l'égalité de résistance dans toute l'étendue du boulon :

	DIAMÈTRE			SAILLIE
	du corps de la tige.	du renflement	du noyau du filet.	du filet.
1re série (région moyenne de la travée).	0,0292	0,0379	0,0438	
2e série.	0,0379	0,0467	0,0526	0m,00295
3e série.	0,0438	0,0526	0,0584	

68. Chaque boulon subit, avant d'être mis en place, un effort de traction déterminé. M. le conseiller Pauli attache une grande importance à cette opération, mais à un tout autre point de vue que celui d'une épreuve. Il regarde comme établi le fait d'un allongement notable, persistant après l'application d'un effort inférieur à ceux auxquels le métal peut être soumis dans les conditions normales de son service ; ce point admis, si les boulons sont soumis avant leur mise en place à une charge excédant celle qu'ils auront à supporter ultérieurement, ils ne seront pour rien dans la flèche permanente du pont, et celle-ci sera atténuée d'autant.

Tension à laquelle les boulons sont soumis avant leur mise en place.

On proscrit en général les efforts capables d'altérer l'élasticité, parce qu'on regarde leur application prolongée, et plus encore leur répétition fréquente, comme constituant les corps en danger de rupture plus ou moins prochaine. Dans l'opinion adoptée par M. Pauli, et émise déjà par divers expérimentateurs, cette altération serait déjà très-sensible avant d'être compromettante ; elle commencerait bien avant que la charge pratique fût atteinte. Si donc elle ne préexistait pas, elle se produirait dans le service ; et il serait dès lors parfaitement logique de la développer d'avance pour diminuer son influence sur les déformations permanentes du système.

Discussion de cette opération.

On conçoit, d'ailleurs, quand il s'agit de barres soumises à un effort de traction, qu'un allongement permanent puisse avoir lieu sans être accompagné d'une *altération de l'élasticité*, dans le sens qu'on attache or-

Influence possible d'un défaut de rectitude des barres.

dinairement à ce mot, c'est-à-dire sans qu'il y ait
étirage du fer, allongement des fibres. Il y a nécessairement modification dans l'état d'équilibre naturel,
puisqu'il y a changement permanent de la forme;
mais il est possible que ce changement soit, en tout ou
en partie, l'effet d'une rectification des barres, qui présentent presque toujours des ondulations sensibles. Or,
cette rectification est évidemment très-distincte de l'é-
tirage du métal.

69. La conséquence du principe, supposé exact et
général, serait de soumettre également à un effort préalable les autres éléments du système, c'est-à-dire les
bois. On n'y a pas songé, et avec raison : il est clair en
effet que, pour des pièces comprimées, telles que des
contre-fiches d'une grande longueur, un vice de pose,
un défaut de symétrie inévitable dans l'application des
efforts, etc., peuvent engendrer des flexions et par suite
des déformations permanentes, très-supérieures à celles
que produirait une compression uniforme. Mais précisément parce qu'il faut accepter cette influence certainement prédominante, il semble qu'il y a fort peu d'intérêt à en éliminer une autre accessoire, surtout quand
il est si facile de régler après coup les tensions des boulons, et jusqu'à un certain point le profil du pont lui-
même, au moyen des écrous.

L'allongement permanent était insensible après l'application de la charge pratique.

70. Mais il y a plus; d'après le registre des observations
qui m'a été communiqué au chantier d'Ellbofer-Tobel,
l'expérience ne confirmerait pas complétement l'opinion
de M. Pauli : les allongements permanents ne devien-
draient appréciables que sous des charges considérables,
qui ne doivent jamais être atteintes dans le service. On
a admis, et c'est assurément une évaluation fort large,
que les efforts pourraient, en pratique, atteindre
$18^k,49$ par millimètre carré. Or, jusque-là, il n'y a pas
de traces d'allongements permanents (70).

Il est vrai que le chiffre de $18^k,49$ étant admis, non à titre de limite extrême, mais comme pouvant être assez souvent atteint, on a dû prévoir des surcharges et par suite des allongements éventuels, et fixer, en conséquence, pour la traction préalable, un taux notablement plus élevé. On s'est arrêté à $23^k,6$, chiffre supérieur au précédent de plus de 25 p. 100, et pour lequel l'expérience accuse, en effet, un certain allongement permanent.

Il y a certainement très-peu de fers, surtout en barres de $0^m,03$ de diamètre et au delà, pour lesquels un semblable effort puisse être regardé comme, à coup sûr, inoffensif. De deux choses l'une : ou cet effort, une fois produit avant la pose, ne sera plus atteint ensuite, à beaucoup près, dans le service ; et alors, s'il n'est pas dangereux, à condition de ne pas se reproduire, il est du moins inutile. Ou le fer se trouvera effectivement de temps à autre soumis à des efforts peu inférieurs, et alors l'allongement préalable sera utile, mais aussi le métal sera surchargé bien au delà de ce que prescrit la prudence. L'opération serait motivée si les déformations permanentes commençaient, ainsi que cela a lieu, très-nettement pour la fonte, et peut-être aussi pour certains fers, en deçà de la limite des charges pratiques. Mais dans les circonstances indiquées tout à l'heure, on ne peut, sous aucun rapport, voir une garantie dans l'application d'un effort suspect d'énerver le fer ; et puisque les allongements permanents notables commencent si tard, il eût été bien plus sûr et presque aussi économique de se mettre en garde contre eux par une légère augmentation du diamètre.

71. Remarquons que l'apparition si tardive des allongements permanents n'exclut pas l'intervention d'un certain défaut de rectitude des barres. Quand des ondulations existent, elles ne s'effacent sans doute que

très-lentement, même sous la charge (1), de sorte que
les allongements provenant de la rectification des barres,
s'ajoutent, dans une grande étendue de l'échelle, à ceux
qui proviennent de leur augmentation de longueur ; circonstance qui, soit dit en passant, affecte peut-être souvent les résultats des expériences faites sur des échan-
tillons imparfaitement rectilignes. Il est donc possible
que les premiers allongements permanents observés ne
soient pas dus uniquement à un étirage du métal,
mais aussi à une suppression partielle des ondulations.
Mais quand il en serait ainsi, cela ne changerait absolument rien à la conclusion établie tout à l'heure. Ce
n'est pas, en effet, l'allongement par lui-même qui est
inquiétant, mais l'intensité de l'effort qui l'a produit.

	RÉSULTATS DES EXPÉRIENCES.	
	sous la charge de $18^k,49$ par millim. q.	sous la charge de $23^k,6.$
Allongement { total, ou sous la charge.	0,0005 à 0,0020	0,0010 à 0,0055
proportionel { permanent.	nul.	0,0005 à 0,0025

Les allongements, mêmes élastiques, ont donc varié
dans des limites très-larges (de 1 à 4), ce qui semble
indiquer l'intervention d'une cause perturbatrice, telle
qu'un défaut de rectitude, nécessairement variable,
d'une barre à l'autre.

Appareil
pour produire
les tensions,
et mesurer
les allongements. 72. La mesure, purement accessoire d'ailleurs, des allongements, sous charge ou permanents, s'opère avec une exactitude
bien suffisante. L'appareil qui sert à l'étirage des boulons se
compose d'un cylindre en fonte, placé horizontalement et boulonné sur un massif en pierre. Il est creux, percé d'une large

---

(1) On sait que la courbure que contracte le fil de fer par
son enroulement prolongé, est très-persistante. M. Leblanc
(Mémoire sur le pont de la Roche-Bernard, page 101) attribue
à des inflexions invisibles à l'œil, résistant à de certains efforts
et cédant tout à coup sous des efforts plus grands, les ressauts
qu'on observe souvent dans les allongements du fil de fer.

rainure à la partie supérieure, et solidaire avec le corps de pompe d'une presse hydraulique ayant le même axe.

L'un des renflements du boulon s'engage dans une ouverture ménagée dans le fond fixe du cylindre ; l'autre est saisi par une traverse liée par des tirants au piston de la presse ; ce système mobile est supporté par un petit chariot dont les galets roulent sur des règles en fer.

Pour mesurer les allongements, on pose sur le boulon, près de l'extrémité fixe, un petit chevalet en laiton, et près de l'extrémité mobile, un petit chevalet semblable portant un secteur vertical gradué et un petit galet suspendu par son essieu, passant par le centre du secteur, et sur lequel est calée une aiguille. Une règle en fer est posée d'une part sur le chevalet fixe, de l'autre sur le galet. La barre en s'allongeant entraîne le chevalet antérieur, qui la pince. La règle reste immobile, parce que les deux frottements du galet sont bien moindres que celui de la règle sur le chevalet postérieur ; l'allongement est donc mesuré par l'arc décrit par le galet, et qu'on lit amplifié sur le secteur.

Ce mode de mesure suppose au fond postérieur du cylindre une immobilité absolue, condition remplie par l'épaisseur énorme des parois en fonte de ce cylindre qui ne peut ni fléchir, ni se comprimer d'une manière sensible, ni se déplacer en masse, puisqu'il est contrebuté par la pression égale exercée sur le fond du corps de pompe. Cet appareil a coûté 12.900 fr.

73. Les voies étant posées sur le haut des poutres, on pénètre dans l'intérieur du pont par des escaliers ménagés dans les culées ; les contrevents inférieurs portent un léger plancher à claire voie. Chacune des culées est munie d'un réservoir souterrain voûté, tenu constamment plein d'eau. La voie est couverte de plaques de fonte, et les parois verticales des poutres sont revêtues d'un platelage qui protége la charpente contre la pluie, et contre l'introduction des fragments en combustion. Une surveillance de tous les instants est organisée pour constater et arrêter les moindres indices d'incendie.

Précautions contre l'incendie.

74. Le mélèze (Laryx) de Suisse a été employé exclusivement dans les quatre viaducs des chemins bavarois. La réception des bois a été l'objet d'un examen très-sé-

vère : il n'y a ni assemblages, ni parties cachées, ni bois debout juxtaposés ; l'interposition des coussinets rend impossible la pénétration des fibres des contre-fiches : tout le système est protégé contre la pluie : l'air circule partout ; en un mot, les conditions sont les plus favorables à la durée des ouvrages en charpente. Cette durée est encore incertaine ; mais il est probable qu'elle justifiera la confiance des ingénieurs bavarois.

75. J'ai insisté sur ce type, parce que si les constructions en bois sont destinées à se répandre dans une certaine mesure, c'est probablement sous cette forme, si simple, si bien appropriée aux grandes portées, à l'établissement d'un bon système de contrevents, et, au besoin, à l'économie de la hauteur.

Les viaducs en charpente sont toujours sur piles en maçonnerie.

76. L'application de la charpente à la construction des supports des viaducs, n'a pas été introduite en Allemagne, et il n'est pas probable, en effet, qu'elle puisse jamais être avantageuse. En installant au besoin les palées sur des piles en maçonnerie au-dessus des hautes eaux, on les soustrairait, il est vrai, à la cause de destruction la plus active ; mais leur entretien dispendieux compenserait et au delà, en général, l'économie de l'établissement.

Viaduc sur palées de Portage. (États-Unis.)

Les Américains eux-mêmes font le plus souvent les piles en maçonnerie, très-imparfaite il est vrai, mais néanmoins préférable encore à la charpente, et ordinairement fort économique. Il y a cependant quelques exceptions, une entre autres fort remarquable : c'est le viaduc de Portage (chemin de Buffalo à New-York et à City), sur la vallée du Genesee, exécuté en 1851 et 1852 sous la direction de M. Seymour ; il a 250 mètres de long, 71 mètres de hauteur maximum et est supporté par des palées espacées de 15 à 16 mètres d'axe en axe, établies sur des piles élevées à 0^m,15 au-dessus des eaux moyennes. On estime qu'un viaduc en maçonnerie aurait coûté sept fois plus cher.

§ III. — PONTS EN TOLE.

77. Tandis que l'expérience faisait ressortir l'insuffi- *Ponts en tôle.*
sance du bois pour les travaux d'art des chemins de fer,
l'attention était éveillée, en Allemagne comme chez
nous, par l'immense parti que les ingénieurs anglais
tiraient depuis longtemps du fer. Le prix de ce métal
s'abaissait graduellement; on se familiarisait avec ses
divers modes d'emploi, et surtout avec le plus simple,
celui du fer sous forme de tôle rivée. En même temps
on constatait que les grandes lignes de chemins de fer
sont des instruments de travail assez productifs pour
justifier toutes les dépenses propres à leur donner un
caractère durable, définitif; aussi, l'application du
fer, d'abord restreinte, timide, a-t-elle pris récemment
une grande extension en Allemagne.

Les divers types de ponts en tôle se rapportent, *Types divers.*
comme tous les ponts en charpente, à deux grandes
divisions : ponts sur poutres, ponts sur arcs. La seconde n'est pas encore représentée sur les chemins
de fer allemands. Quant à la première, qui comprend les ponts sur poutres proprement dites et les
ponts tubulaires, elle sera représentée bientôt, pour
cette seconde catégorie, par un exemple unique, mais
gigantesque, le pont de Dirschau, sur la Vistule (chemin
de Berlin à Kœnigsberg).

Des diverses variétés de la première catégorie, l'une,
la poutre-caisse (Kasten-Brücke), dont le nouveau
pont d'Asnières présente une application sur une assez
grande échelle, n'a pas encore été introduite en Allemagne.

La poutre double T, avec nervure médiane pleine ou
en treillis, est au contraire appliquée sous des formes
et à des échelles très-variées.

Hanovre.

78. Le Hanovre est l'État dans lequel les ponts en tôle se sont le plus multipliés. Les principes admis pour les ponts en maçonnerie (13) ont, indépendamment du prix, beaucoup restreint leur application ; et quant aux ouvrages en charpente, moins économiques d'ailleurs dans ce pays que dans l'Allemagne méridionale, ils y seraient difficilement acceptés par eux-mêmes. Les chemins hanovriens présentent peu d'ouvrages remarquables par leurs dimensions ; mais on se fait une sorte de point d'honneur de donner à tous ces travaux, fort bien traités du reste, un cachet d'élégante solidité, qui, dans l'opinion des ingénieurs, exclut l'emploi du bois. Le fer est appliqué aujourd'hui à tous les degrés de l'échelle, depuis les simples ponceaux jusqu'à des ouvertures de 36^m,50.

L'administration des chemins de fer du Hanovre a été conduite à formuler à cet égard des règles pratiques, dont il paraît utile de présenter le résumé.

Règles pratiques.
1° ponts avec poutres inférieures,
jusqu'à 8^m,76.

Pour les très-petites ouvertures (*Durch-Lass*), jusqu'à 1^m,60, on se contente d'accoupler deux rails américains en réunissant par des rivets les deux bords des patins. Les abouts sont enchassés dans des coussinets spéciaux posés sur des culées en maçonnerie ; il n'y a pas de tablier.

Jusqu'à 8^m,76 d'ouverture, et à moins que la hauteur ne manque, chaque voie est supportée par trois poutres doubles T, réunies par des entretoises de même forme ; les rails sont posés sur des traverses en chêne, boulonnées sur les plates-bandes supérieures des poutres.

Jusqu'à 2^m,92, celles-ci sont formées seulement d'un corps et de quatre fers d'angle. Au delà, elles reçoivent deux feuilles de tôle, supérieure et inférieure. Les entretoises sont formées d'un corps, qui a uniformément 7^{mil},6 d'épaisseur pour elles comme par les poutres, et de quatre fers d'angle qui ont également des dimensions constantes. Les rivets ont 18^{mil},2 de diamètre.

La hauteur de la poutre, celle des entretoises, et l'épaisseur des plates-bandes, dont la largeur est toujours la même, sont donc les seuls éléments variables dans cette catégorie. On a ainsi l'avantage de réduire le nombre des types à demander aux usines.

Jusqu'à cette limite d'ouverture, les poutres reposent, sur les piles et culées, sur de simples coussinets en bois.

Détails des éléments des poutres et des entretoises, pour des travées de 2ᵐ,34 à 8ᵐ,76 d'ouverture.

OUVERTURES.	Épaisseur de l'ouvrage jusqu'à la face inférieure des rails.	Hauteur des poutres.	Épaisseur des plates-bandes (largeur 0ᵐ.129).	ENTRE-TOISES.		RIVETS.		POIDS			OBSERVATIONS.
				Nombre.	Hauteur.	Nombre par poutre.	Poids par poutre.	d'une poutre.	d'une entretoise.	de tout le système, y compris les accessoires, boulons, etc.	
m.	m.	m.	m.		m.		k.	k.	k.	k.	
2.34	0.56	0.32	» (a)	6	0.30	118	18.52	211.76	34.15	953	Seulement les fers d'angle. (a) et (b)
2.92	0.56	0.32	» (b)	6	0.30	128	20.09	242.70	34.15	1051	
3.50	0.62	0.37	0.005	6	0.35	325	47.59	354.20	39.73	1505	
4.09	0.68	0.44	0.005	6	0.41	367	53.80	417.48	46.71	1756	
4.67	0.74	0.50	0.005	8	0.47	438	65.53	485.19	57.60	2180	
5.25	0.78	0.54	0.005	8	0.52	488	72.43	573.37	59.25	2479	
5.84	0.86	0.63	0.010	8	0.59	528	79.26	680.67	67.62	2888	
6.42	0.90	0.66	0.010	8	0.63	574	88.28	818.26	70.74	3358	
7.00	0.97	0.73	0.015	8	0.69	613	95.64	938.42	77.67	3800	
7.30	1.00	0.76	0.015	8	0.70	637	100.40	1012.25	80.42	4059	
7.59	1.04	0.79	0.015	8	0.75	667	106.40	1096.03	84.44	4368	
8.18	1.10	0.86	0.020	8	0.80	726	117.96	1262.44	90.72	4636	
8.76	1.16	0.91	0.020	8	0.86	771	126.38	1406.30	95.12	5461	

79. Au delà de 8ᵐ,76 (et en deçà si le défaut de hauteur l'exige), chaque voie est portée par deux poutres de rive formant garde-corps. Elles ont pour hauteur totale 1/10 de l'ouverture, mesurée sur l'une des travées extrêmes, s'il y en a plusieurs.

2° au delà de 8ᵐ,76, ponts à deux poutres de tête.

Il y a seulement deux épaisseurs différentes pour le corps :

9ᵐⁱˡˡ,10 jusqu'à 27ᵐ,74 d'ouverture,
12ᵐⁱˡˡ,15 au delà.

Voici la série adoptée maintenant pour les fers d'angle de ces poutres :

	mètres.	mètres.	mètres.	mètres.	mètres.	mètres.
Jusqu'à.....	7,30	16,06	21,90	27 74	35,04	43,80
Largeur.....	millim. 60,8	millim. 72,9	millim. 79,0	millim. 79,0	millim. 91,1	millim. 115,4
Épaisseur....	millim. 9,0	millim. 10,16	millim. 12,1	millim. 15,2	millim. 15,2	millim. 18,2

Constance de la section transversale des poutres. 80. Pour ces deux catégories de ponts, la section transversale des poutres est constante dans toute leur longueur. Lorsqu'il y a plusieurs travées, on a adopté pour les longueurs des extrêmes et des intermédiaires le rapport 4 : 5 (117), à moins que les conditions locales n'imposent une autre répartition des appuis.

Continuité des poutres sur les piles. Dans tous les cas, les poutres sont continues dans toute l'étendue du pont (116), et fixées sur la pile ou sur l'une des piles du milieu. Au delà de $8^m,16$, elles s'appuient, sur les autres, par l'intermédiaire de rouleaux de friction et de plaques en fonte. Lorsque la distance de la section fixe à l'une des extrémités dépasse $14^m,60$, un appareil de compensation est disposé à chaque bout pour établir la continuité de la surface de roulement.

Exhaussement des pièces de pont. 81. Ce qui caractérise surtout le système de ponts à deux poutres de rive, c'est la disposition des poutrelles ou traverses, qui sont également en tôle, à double T, et combinées avec des goussets ou poteaux, en vue de roidir les poutres, et de les entretoiser très-solidement. A moins que l'ouverture et par suite la hauteur des poutres ne soient très-faibles, les poutrelles ne s'appuient pas immédiatement sur les patins inférieurs des poutres; elles sont placées plus haut et portent de chaque côté deux appendices, dont l'un s'appuie sur le patin du bas, tandis que l'autre s'élève jusqu'à celui du haut. Les appendices supérieurs et inférieurs fonctionnent ainsi comme des poteaux verticaux, et font partie intégrante de la poutre, qu'ils roidissent. La pression transmise par chaque poutrelle est répartie, pour ainsi dire, entre tous les points de la section verticale de la poutre. Enfin, les poutrelles contreventent les deux poutres dans une région plus rapprochée de celle qui tend à se voiler par suite de la compression, et permettent de combattre cette tendance d'une manière plus simple et plus efficaces que quand elles sont appliquées à la partie inférieure. Tels sont les avantages de cette combinaison.

Les poutrelles ainsi disposées, sont espacées de $2^{m},63$ d'axe en axe. Elles sont séparées par une traverse intermédiaire pourvue seulement de l'appendice supérieur, et ainsi suspendue en quelque sorte à la poutre.

Ces appendices ont uniformément $9^{mill}.,1$ d'épaisseur.

Les pièces de pont reçoivent des longrines en chêne, de $0^{m},292 \times 0^{m},184$, boulonnées sur le patin supérieur, et enchâssées de plus entre des fers d'angles rivés de part et d'autre (Pl. IV, *fig.* 17). Les joints des longrines alternent, avec ceux des rails, sur les traverses principales.

82. C'est à la suite de quelques expériences comparatives faites dans les ateliers du chemin de fer, à Hanovre, entre les poutres à corps plein et celles en treillis, qu'on a été conduit à adopter la première disposition.

Comparaison des poutres pleines et des poutres en treillis. (Pl. IV, *fig.* 15. et 16.)

On a fait construire, dans chaque système, une travée d'épreuve des dimensions suivantes :

Longueur	$3^{m},28$	Plate-bande su-périeure.	Largeur.	$0^{m},032$
Distance des appuis	$3^{m},05$		Epaisseur.	$0^{m},0063$
Hauteur.	$0^{m},327$	Plate-bande in-férieure.	Largeur.	$0^{m},029$
			Epaisseur.	$0^{m},0063$

Le treillis était formé de barres de o^m,o1o de largeur et o^m,oo2 d'épaisseur, avec mailles de o^m,o27 de largeur dans œuvre. Il équivalait ainsi à une feuille de tôle continue de o^m,oo1 d'épaisseur, sans rivets ni couvre-joints. C'est d'après cette donnée que le modèle à nervure pleine a été construit. Pour se rapprocher des conditions d'exécution, on a placé un joint vers le milieu.

Les plates-bandes supérieures étaient formées de cinq feuilles de tôle; des couvre-joints ont été ajoutés à celles du bas, pour avoir partout une épaisseur effective constante, mais d'abord dans le modèle à nervure pleine seulement.

CHARGE uniformément répartie sur le pont.	FLÈCHE au milieu.	OBSERVATIONS.
Pont en treillis.		*Pont en treillis.*
	kil.	millim.	
1re expérience.	3.161	4,75	Après l'enlèvement de la charge, le milieu conserve un abaissement de o^mill.,2 qui peut bien être dû au tassement des appuis.
	3.669	5,64	
	4.193	6,93	
	5.681	8,92	Cette charge reste appliquée 36 heures sans que la flèche augmente. Après le déchargement, il y a une flèche permanente de 1^mill.,2.
2e expérience.	3.028	5.74	
	4.616	7,14	
	5.762	8,53	
	6.918	10,11	Au bout de 5 minutes les deux poutres se brisent tout à coup.
Pont à nervure pleine.		*Pont à nervure pleine.*
1re expérience.	3.246	2,77	
	3.761	3,68	
	4.287	3,17	
	5.257	4,57	
	5.257	4,90	Au bout de 4 heures. — 19 heures après, pas d'augmentation. — Au bout de 40 heures on enlève la charge, et il reste une flèche de o^mill.,6 réduite à o^mill.,5 24 heures après.
2e expérience.	3.588	3,56	
	5.483	4,93	
	6.591	5,94	
	9.790	9,90	
	12.329	Rupture	

Ainsi, la charge de rupture était deux fois plus petite, et la flèche, à charge égale, presque double pour les poutres en treillis.

Quoique l'examen des circonstances de la rupture du premier modèle ne permît pas d'attribuer cette énorme différence à la résistance moindre de la plate-bande inférieure dépourvue de couvre-joints, on recommença l'expérience sur ce modèle réparé et placé dans des conditions parfaitement comparables, c'est-à-dire après avoir remplacé la plate-bande inférieure par trois feuilles continues :

CHARGE uniformément répartie sur la pente.	FLÈCHE au milieu.	OBSERVATIONS.
kil.	millim.	
1re expérience. 3.275	4,75	Flèche permanente, 0mill.,381.
3.783	5,16	On remarque, aux deux bouts de chaque poutre, un gauchissement du treillis dans la partie inférieure.
4.314	6,35	Le gauchissement croît rapidement. — Après le déchargement, il disparaît en grande partie. — Flèche permanente, 2mill.,54.
5.278	8,71	
2e expérience. 3.625	7,31	
5.530	8,71	
6.703	12,50	
6.893	15,08	La rupture a lieu tout à coup.

La charge de rupture n'avait donc pas varié ; ainsi pour deux poutres de même poids et identiques, sauf la disposition de la nervure médiane, la roideur et la résistance à la rupture variaient à très-peu du simple au double.

83. Avec des résistances aussi inégales, les modes de rupture devaient être essentiellement différents. Et en effet, tandis que les poutres pleines affectaient le mode de rupture théorique (*fig.* 15), — les plates-bandes cédant au milieu : en bas par déchirement, en haut par refoulement, — les choses se passaient tout autrement pour les poutres en treillis. La région du milieu restait parfaitement intacte : vers les appuis au contraire, les plates-bandes inférieures étaient brusquement infléchies et bri-

sées, les barres du treillis les unes ployées et les autres rompues par déchirement, et les rivets qui les fixaient aux cornières, arrachés (*fig.* 16).

Son explication. Il est facile de se rendre compte de ces faits. Dans chaque moitié du pont, les deux systèmes de barres parallèles qui composent le treillis ont des fonctions inverses (123). Celles qui rencontrent l'axe vertical du pont au-dessus de lui sont comprimées, celles qui le rencontrent au-dessous sont tirées, et les efforts auxquels elles sont respectivement soumises sous l'action d'une charge uniformément répartie, égaux dans la même région du pont, croissent du milieu aux extrémités. Les barres comprimées ou *contre-fiches*, dont l'équarrissage et l'écartement sont constants, sont dès lors trop faibles vers les appuis, et fléchissent. Les barres tendues ou *tirants*, sollicitées transversalement par suite de la flexion des contre-fiches auxquelles elles sont liées, se brisent sous l'action de cette surcharge, ou se séparent des plates-bandes par la rupture des rivets. Une fois le treillis ainsi disloqué et affaissé, il n'y a plus aucune solidarité vers les extrémités de la poutre, entre les deux plates-bandes; celle du haut cesse, dans cette région, de résister concurremment avec celle du bas; incapable de supporter seule la réaction de l'appui, celle-ci plie, et se brise.

Conséquences trop absolues déduites de ces expériences. 84. Sans doute en présence des résultats qui précèdent, les ingénieurs du Hanovre étaient fondés à conclure qu'à poids égal, et dans les conditions de leurs expériences, la nervure pleine est infiniment supérieure à la nervure en treillis. Mais ils se sont trop hâtés de généraliser les conséquences de quelques essais, faits d'ailleurs sur une très-petite échelle, et de condamner d'une manière absolue le principe de la seconde disposition, sans chercher même à l'améliorer par

des moyens très-simples, évidents à *priori*, et que
suggérait naturellement l'observation des circonstances
de la rupture. Vicieux pour les ponts en bois, le système de Town, convenablement appliqué, peut être
au contraire le meilleur pour les poutres en tôle dont la
solidité est nécessairement fondée, quel que soit leur
système, sur la liaison d'une multitude de pièces au
moyen de rivets. Avec une répartition plus judicieuse
du métal, le treillis serait sans doute l'équivalent de la
nervure pleine. C'est ce qu'il eût été facile de vérifier,
en élargissant un peu les mailles du réseau dans la région
moyenne, et rapprochant au contraire les contre-fiches
vers les appuis (1). On eût très-probablement ainsi, sans
augmentation de poids, réussi à transporter la section de
rupture de l'extrémité au milieu, ce qui eût nécessairement, du même coup, réalisé à très-peu près l'égalité de
résistance. La nervure pleine établissant complétement,
dans ces expériences, la solidarité entre les deux plates-
bandes, ainsi que le prouve le mode de rupture (83),
remplissait par cela même parfaitement les fonctions

---

(1) C'est ce qui n'a pas toujours été compris. Les *Annales
des ponts et chaussées* renferment, par exemple, (numéro de
mai-juin 1841) une notice de M. de Saint-Clair, ingénieur des
ponts et chaussées, sur une travée en charpente de 17^m d'ouverture, construite sur la route de Mantes à Rouen. L'expérience prouva que cette travée était trop faible : les flèches
croissaient constamment et prenaient des proportions inquié-
tantes. Pour arrêter leurs progrès, on ajouta des croix de
Saint-André dans la région moyenne, tandis que c'est surtout
vers les appuis qu'il aurait fallu serrer ou consolider les mailles
du treillis en augmentant, en même temps, la section des plates-
bandes dans la région moyenne, si elle était effectivement trop
faible. Au reste, dans ce cas comme dans presque tous ceux de
ce genre, on s'était préoccupé seulement de l'équarrissage des
moises horizontales, sans s'inquiéter autrement de celui des
pièces du treillis, comme s'ils n'avaient pas l'un et l'autre
une égale importance (123).

essentielles du corps de la poutre. Sous ce rapport, le treillis ne peut donc pas l'emporter sur la nervure continue : tout ce qu'il peut faire, c'est de l'égaler. Mais il n'en résulte pas que tous les autres éléments étant identiques, la poutre en treillis ne puisse pas avoir, en somme, une résistance plus grande que celle de la poutre pleine. Considéré isolément, séparé des plates-bandes, le corps possède, en effet, une certaine résistance transversale due, dans le treillis, à la liaison des deux systèmes de barres par des rivets ; et il est possible que cette résistance *propre* excède, à poids égal, celle de la nervure pleine. Mais la question est surtout de savoir si la solidarité ne peut pas être réalisée par le treillis, avec une répartition convenable du métal, aussi bien que par la nervure pleine d'épaisseur constante, *et avec une notable économie de poids*, au moins pour les grandes ouvertures ; s'il en était ainsi, si le treillis assurait la solidarité avec le minimum de matière, on devrait incontestablement lui donner la préférence, et reporter l'excédant de métal sur les plates-bandes, où il serait bien mieux utilisé pour la résistance que dans le corps lui-même. C'est l'opinion qui prévaut en Prusse, dans le Wurtemberg, dans le pays de Bade (100). Les ingénieurs hanovriens la rejettent, mais leurs expériences ne fournissent contre elle aucun argument décisif.

Section plus convenable à donner aux contre-fiches. 85. Des contre-fiches, dont la section est un rectangle fort allongé, sont certainement vicieuses en principe ; leur section devrait se rapprocher du quarré ; les rivets placés aux croisements les affaibliraient d'autant plus, il est vrai ; mais la liaison des deux systèmes de barres, vers le milieu de leur longueur, est d'une utilité au moins douteuse. On a même été conduit en Amérique, dans plusieurs ponts en bois du système de Town, à supprimer, dans cette partie, les chevilles des croisements pour éviter l'effort transversal auquel les *tirants* sont soumis dans leur région moyenne par suite de la flexion des *contre-fiches*. Quant aux rivets placés près des extrémités, c'est-à-dire loin de la section de plus grande courbure, ils n'ont pas la même influence nuisible, et ne s'opposeraient nullement à l'adoption d'une forme moins défavorable. Il faut seulement que les *tirants* aient assez de largeur pour recevoir, sans être trop affaiblis, les rivets d'assemblage avec les cornières. La combinaison de deux systèmes de barres d'équarrissages différents serait, à la vérité, une complication ; mais peut-être concilierait-on toutes les conditions en formant le treillis de barres à T résistant bien mieux à la compression que les barres plates à équarrissage égal, et se prêtant bien à la rivure, soit entre elles, en plaçant les deux systèmes dos à dos ; soit avec les cornières extrêmes, par l'enlèvement de la saillie du T sur une petite longueur à chaque bout.

Au reste, le principe de la continuité du *corps* admis, rien n'empêche d'y répartir le métal plus judicieusement qu'on ne l'a fait en Hanovre en employant des feuilles d'épaisseurs croissantes du milieu vers les extrémités, ou mieux en rivant sur des feuilles d'épaisseur constante, un système de fers à T verticaux réunis par des fers à T inclinés formant contre-fiches, et dont l'écartement diminuerait graduellement du milieu vers les appuis. Déjà, du reste, on ajoute souvent une surépaisseur à la nervure au droit des appuis et sur une certaine longueur au delà.

Pont sur l'Inn, à Sarstedt (chemin de Hanovre à Göttingen).

86. 1° *Pont sur le petit bras :*

1 travée de 15^m,25 d'ouverture.

La poutre, de 1^m,55 de hauteur, est formée : de deux plates-

Ligne de Hanovre à Cassel.

Petit pont de Sarstedt.

bandes composées chacune de cinq feuilles de o^m,o1o d'épaisseur et o^m,2o5 de largeur, réunies par des fers d'angle à un corps résultant de l'assemblage de deux largeurs de feuilles par un couvre-joint horizontal à quatre rangs de rivets. Les poutrelles, hautes de o^m,5o, et fixées suivant le principe indiqué, par l'intermédiaire d'un large gousset, affleurent la face supérieure de la plate-bande du bas, à cause de la faible hauteur de la poutre. La distance de la nervure au milieu du rail est : o^m,5o.

Les plaques d'assise, en fonte, sont percées de trous pour l'écoulement de l'eau.

Les culées sont faites pour deux voies. Elles recevront, quand le trafic l'exigera, un deuxième pont, semblable au premier, et qui en sera tout à fait indépendant.

Épreuves.

ÉPREUVES.	FLÈCHES.		OBSERVATIONS.
	D'une poutre.	De l'autre.	
1° *Au repos.*	millim.	millim.	
45.794 kil. (3.000 kil. par mètre courant de voie). . .	4,24	4,94	1 machine et son tender.
55.544 kil.	5,25	5,04	2 machines sans tender.
2° *En mouvement.*			
Les machines lancées à 15 mètres par seconde. .	6,72	4,94	Aller.
Id.	6 72	5,61	Retour.

La flèche ne devait pas, aux termes du cahier des charges, dépasser 1/18oo de l'ouverture ; elle a été au maximum 1/226o. Il est vrai que la vitesse était : 15 mètres par seconde au lieu de 18 mètres, chiffre stipulé ; mais on sait combien est faible l'influence de cet élément.

Grand pont de Sarstedt.
(Pl. IV, fig. 1 à 8, et fig. 16 et 17.)

2° *Pont sur le bras principal :*

87. Il est formé de trois travées. D'après le rapport indiqué plus haut, on a donné aux extrêmes 22^m,48 d'ouverture, et à celle du milieu 28^m,42.

Les deux plates-bandes sont formées de cinq feuilles de 12^mill,17 d'épaisseur et o^m,262 de largeur ; la nervure, de trois feuilles assemblées par couvre-joints, et ayant o^m,743 de large, 2^m,63 de long et 5 millimètres d'épaisseur.

Hauteur totale de la poutre, 2^m,357. Les fers d'angle ont 8^cent,89 de côté et 12^mill,7 d'épaisseur maximum.

Les joints réduisent de 1/5 la section effective de la plate-bande inférieure. Une des feuilles extrêmes peut en effet être regardée comme formée d'une série de couvre-joints correspondants aux joints des quatre autres étages de feuilles (*fig.* 8), et qui s'étendent assez pour arriver au contact. Leur développement considérable permet d'obtenir, de part et d'autre de chaque joint, une somme de sections transversales de rivets égale au moins à celle d'une feuille, tout en ne plaçant qu'un seul rivet sur une même perpendiculaire à la longueur.

La plate-bande
inférieure équi-
vaut à 4 feuilles
continues.

Les sections contenant un joint sont espacées de $0^m,911$ (feuilles de $4^m,555$), longueur sur laquelle sont répartis huit ou neuf rivets; il y a donc, de part et d'autre de chaque joint, au moins huit sections de rivets qui résistent, soit en tout 4.720 millimètres quarrés. Or la section d'une feuille est 3.327 millimètres quarrés. — Il y a donc compensation et au delà, même en tenant largement compte : 1° de la légère infériorité de la résistance transverse dans l'état naturel; 2° de la réduction qu'elle paraît éprouver sous l'influence de la tension longitudinale à laquelle le rivet est soumis (1).

Les sections effectives, en haut et en bas, sont donc :: 5 : 4; rapport conforme aux résultats des expériences de M. Hodgkinson; résultats contestés du reste, et qui, en tous cas, ne doivent pas être généralisés. La résistance à l'extension est une propriété simple, absolue; tandis que la résistance à la compression est un fait complexe qui dépend essentiellement des proportions du solide, du mode d'application de la charge, en un mot des circonstances très-variables de l'expérience.

---

(1) L'égalité n'est d'ailleurs nécessaire que pour les joints extrêmes placés du côté opposé au couvre-joint (α,a, *fig.* 8), puisqu'il y a pour tous les autres deux sections de rupture dans chaque rivet.

Travail du fer.

Le pont pèse 1.675 kilogrammes par mètre courant. En supposant une surcharge de 3.350 kilogrammes par mètre courant de voie, on trouve, sans tenir compte de la résistance directe du corps de la poutre, que l'effort d'extension maximum de la plate-bande inférieure est seulement $4^k,72$. Le coefficient de sécurité est donc 6, le fer mis en œuvre cédant sous $28^k,34$.

Joints verticaux du corps.

Les joints verticaux du corps de la poutre sont disposés très-solidement ; ils coïncident tous avec une poutrelle principale qui concourt elle-même, par ses fers d'angle, à la solidarité des feuilles du corps (*fig.* 10). Considérés sous ce rapport, les rivets *ff* sont sollicités longitudinalement, ainsi que cela a lieu dans d'autres circonstances : par exemple, pour les rivets qui fixent aux boîtes à feu et à fumée d'une chaudière de locomotive les cornières d'assemblage du corps cylindrique.

On conçoit qu'un tel joint cesse d'être une ligne de moindre résistance, la liaison intérieure compensant largement la perte de résistance des feuilles due aux rivets, répartis sur deux rangs de chaque côté, qui fixent les couvre-joints extérieurs.

Poids total du pont. . . . . . 126.442 kil. (nombre des rivets, 25.240).

Dimensions des plaques d'assise :		Longueur.	Largeur.
	sur les piles. . .	$1^m,53$	$0^m,659$
	sur les culées. .	$0^m,839$	$0^m.659$

88. On a donné aux poutres un *roide* de 1/1.200, chiffre auquel on évaluait la flèche de pose ; mais cette évaluation était trop forte ; avec des flèches de fabrication de 23 millim. pour la travée du milieu, et 18 millim. pour les extrêmes, le tassement a été seulement : 18 millim. pour la première et 9 et 13 millim. pour les deux autres.

Épreuves.

89. *Épreuves.* — Machines employées :

1° Machine dite de montagne pesant, avec son tender, 45.794 k. ;
2° Machine à marchandises, pesant, avec son tender, 36.272 k. ;
3° Autre machine à marchandises, de même poids.

1° ÉPREUVES STATIQUES.

CHARGE AU MILIEU.			FLÈCHES AU MILIEU.						FLÈCHES HORIZONTALES MAXIMUM.						OBSERVATIONS.
Travée nord.	Travée sud.	Travée du milieu.	Travée nord.		Travée sud.		Travée du milieu		Travée nord.		Travée sud.		Travée du milieu		
			Poutre est.	Poutre ouest.	Poutre est.	Poutre ouest.	Poutre est.	Poutre ouest.	Poutre est.	Poutre ouest.	Poutre est.	Poutre ouest.	Poutre est.	Poutre ouest.	
kil. 36.272	kil. 36.272	kil. 45.794	mill. 2,7	mill. 2,5	mill. 4,0	mill. 4,0	mill. 5,0	mill. 5,0	mill. 0,9	mill. 0,9	mill. 1,8	mill. 1,7	mill. 2,1	mill. 3,6	
»	45.794	»	0,3	0,3	4,8	5,0	0,9	1,0	»	»	1,7	2,1	»	»	La travée du milieu et celle nord se relèvent.
45.791	»	»	4,8	5,0	»	»	1,0	1,0	1,3	1,0	»	»	0,6	0,6	La travée du milieu se relève.
»	»	45.791	1,6	1,6	1,7	1,5	6,5	7,1	0,3	0,2	0,4	0,2	3,2	4,2	Les deux travées extrêmes se relèvent.
»	67.783	»	0,3	0,3	6,1	5,9	1,3	1,7	»	»	1,9	2,1	0,5	0,7	Les travées du milieu et du nord se relèvent.
67.783	»	»	5,1	5,1	0,2	0,2	1,0	1,2	1,8	1,8	»	»	0,7	0,4	Les travées du milieu et du sud se relèvent.
»	»	(?)	1,8	1,8	2,3	2,1	8,7	9,7	0,5	0,6	0 6	0,8	4,2	5,9	Les travées extrêmes se relèvent.

2° ÉPREUVES DYNAMIQUES.

CHARGE AU MILIEU.			FLÈCHES AU MILIEU.						FLÈCHES HORIZONTALES MAXIMUM.						OBSERVATIONS.
1 machine pesant 45.794 k., à la vitesse de 3 mètres par seconde.			5,1	4,9	5,0	4,4	7,4	7,6	1,2	0,6	1.9	2,3	3,3	4,6	
La même, à la vitesse de 15 mètres par seconde.			5,6	4,7	5,3	5,5	7,1	8,1	1,5	1,4	2,4	2,3	3,2	5,0	Moyenne de l'aller et du retour.
2 machines pesant 92.000 k. à la vitesse de 15 mètres par seconde.			6,0	6,0	5,9	6,1	9,0	10,0	1,7	1,6	2,3	2,1	2,9	4,6	
3 machines pesant 118.338 kilogr., à la vitesse de 15 mètres par seconde.			6,3	6,2	5,3	5,3	8,4	9,4	1,8	1,6	1,9	2,1	2,9	5,0	

90. Aucune de ces flexions verticales n'excède 1/2745 de l'ouverture, tandis que le maximum fixé par le cahier des charges s'élevait à 1/1800.

Flexions horizontales. Elles n'ont pas de gravité.

Quant aux *oscillations* horizontales, elles devaient être nulles : on voit que les *flexions* horizontales ont été quelquefois assez prononcées; mais on ne s'en est pas préoccupé, et avec raison, car le fait observé est d'une tout autre nature que celui contre lequel on voulait se mettre en garde. Il ne s'agit pas, en effet, d'oscillations proprement dites, croissant avec la rapidité des masses en mouvement, mais d'une légère déformation, d'un faible gauchissement (1) dû à un certain défaut de symétrie dans l'application des efforts, indépendant de la vitesse, et dans lequel on ne peut voir un symptôme inquiétant, tant qu'il est renfermé dans des limites aussi étroites.

Mouvement des travées non chargées.

91. L'observation simultanée des trois travées, sous l'action de la charge statique appliquée à une seule, prouve (89, *tableau*), que l'influence des efforts exercés sur une travée extrême se fait sentir non-seulement sur celle du milieu, mais encore à travers celle-ci jusqu'à l'autre travée extrême; la déformation est faible, mais appréciable. Cette transmission des efforts était favorisée, d'ailleurs, par la disposition des appuis de la poutre, fixée sur une culée, contrairement à la règle indiquée plus haut (80), et reposant sur les piles par l'intermédiaire de rouleaux de friction.—Ce fait se rattache à la question, sur laquelle je reviendrai plus bas (116), des avantages respectifs que présentent la continuité et l'indépendance des travées.

Ponts de la ligne du sud.

Pont de Poppenbourg.

92. La ligne du sud traverse trois fois, entre Elze et Göttingue, la Leine, affluent de l'Aller, qui se jette elle-même dans le Weser. Les trois ponts sont construits dans le même système que le précédent. Le plus important, celui de Poppenbourg,

---

(1) Les flèches, mesurées au sommet et au bas de chaque poutre, sont, en effet, généralement de sens contraires.

est biais (60°), et formé de cinq travées ; les deux extrêmes de 17^m,81, les trois autres de 22^m,19.

Longueur totale de la poutre, 112^m,22.

Ce pont s'est comporté aux épreuves un peu moins bien que celui de Sarstedt. Les flèches ont été plus grandes, et les déformations horizontales plus prononcées ; ce qu'on a attribué à l'influence du biais, les traverses, normales aux poutres, reposant sur celles-ci en des points inégalement distants de leurs extrémités.

Le deuxième pont, celui de Gross-Fredern (près Alfeld), est formé de cinq travées :

Pont de Gross-Fredern.

Extrêmes. . . . . 15^m,77
Intermédiaires. . . . 19^m,71 ‖ Longueur de la poutre, 101^m,60.

Le troisième, celui de Göttingue, a quatre travées de 13^m,14 et 16 mètres d'ouverture, et une longueur totale de 64^m,80.

Pont de Göttingue.

93. Il y a sur la même ligne, près d'Alfeld, pour le passage de la Gleine, un pont en treillis de 14^m,60 d'ouverture. — Les poutres, construites avant les expériences mentionnées plus haut, et destinées alors à un pont de 24 mètres, ont 2^m,43 de hauteur et pèsent 485 kil. par mètre courant. Cependant ce pont a moins de roideur que le petit pont de Sarstedt, dont les poutres ont la même portée, seulement 1^m,54 de hauteur, et ne pèsent que 393 kil. par mètre courant.

Pont en treillis sur la Gleine. (Pl. V, *fig.* 15).

	GRAND PONT de Sarstedt.	PETIT PONT de Sarstedt.	PONT de Poppen-bourg.	PONT EN TREILLIS d'Alfeld.
Nombre et ouverture des travées	2 de 22^m,48 1 de 28^m,00	1 de 14^m,60	2 de 17^m,80 3 de 22^m,20	1 de 14^m,60
Poutres. { Long. totale.	66^m,57	16^m,24	111^m,20	16^m,11
Haut. totale.	2^m,36	1^m,54	1^m,87	2^m,45
Section de chaque plate-bande.	15.930$^{mill.2}$	8.248$^{mill.2}$	12.154$^{mill.2}$	Haut : fonte, 10.620$^{mill.2}$ Bas : fer, 10.030
Poids du mètre courant.	561 kil.	393 kil.	475 kil.	485 kil.
Poids des traverses, goussets, etc., par mètre courant de pont.	562	511	395	632
Poids total de fer par mètre courant de pont (rails non compris).	1.675	1.306	1.358	1.612

Pont sur la Léda (affluent de l'Ems), à Heerenborg, près de Leer.

Ligne de Emden à Munster.
—
Pont sur la Leda, à Leer.
(Pl. IV, fig. 10, 11 et 13.)
Projet primitif.

94. C'est l'ouvrage capital de la ligne de Emden à Munster.

D'après le projet arrêté à la suite de l'examen de plusieurs ponts sur poutres en tôle, particulièrement en Prusse, celui-ci devait être également en treillis, et formé de six travées égales, ayant $30^m,22$ d'axe en axe des piles, et de deux travées mobiles, de $7^m,60$; d'après la position du chenal, cette passe devait être placée vers le milieu du pont.

Mais, d'une part, l'étude du terrain, les difficultés des fondations, conduisirent à augmenter l'ouverture des travées; de l'autre, l'expérience paraissait assigner la préférence aux nervures pleines (84) ; enfin on reconnut qu'un pont tournant simple serait beaucoup plus économique qu'un pont à double volée. Le projet primitif fut donc complétement remanié.

Modifications de ce projet.

Les objections contre le pont tournant à double volée étaient sérieuses; le chemin aura plus tard deux voies, mais il n'en a encore qu'une seule. Or, le pont tournant à double volée devait évidemment être construit de suite à deux voies; de plus, la pile devant excéder sa largeur pour le protéger contre l'abordage des bateaux, aurait eu au moins 7 mètres d'épaisseur. Avec une seule volée il devenait possible (*fig.* 11) d'affecter aux deux voies deux ponts distincts, à mouvements de rotation inverses, et se plaçant ainsi sur le prolongement l'un de l'autre quand la passe serait ouverte. Il a suffi pour cela de terminer le tablier, à l'arrière, par une demi-circonférence ayant le pivot du pont pour centre et sa demi-largeur pour rayon (1). L'épaisseur de la pile

(1) Cette faible longueur de la culasse exige seulement qu'elle soit très-fortement chargée.

est ainsi beaucoup réduite, et la construction de la seconde voie tournante peut être ajournée jusqu'à l'époque de la construction du deuxième pont fixe.

On a en conséquence admis la division suivante :

	mèt.		mèt.
1 travée tournante (au milieu)	8,47	Épaisseur des piles. . , ...	2,90
2 travées de 36^m,50 d'axe en axe des piles.	73,00	Épaisseur de la pile du pont tournant.	5,50
4 travées de 29^m,20.	116,80		
Portées sur les culées.	1,90		
Longueur totale.	199,17		

On avait même songé, pour réduire les dépenses de fondations, à faire de chaque côté de la passe seulement deux travées de 47^m,45, mais on a reculé devant la crainte d'exagérer l'importance de l'élément le moins connu jusqu'ici, et de grever peut-être l'avenir au profit du présent.

La Léda a, aux eaux moyennes, 2^m,60 de profondeur. Les plus hautes eaux s'élèvent à 2^m,92 au-dessus des eaux moyennes ; la variation diurne, due aux marées, est de 2^m,55. Sur les deux rives s'étendent de vastes marais, protégés par des digues contre les inondations. Fondations.

Les sondages avaient indiqué, sur une profondeur de 13 mètres, de l'argile alternant avec de la vase et du sable ; on adopta les fondations sur grillage et pilotis ; toutes les piles, soit en lit de rivière, soit en dehors, ont été fondées de même, par épuisement, dans un batardeau à double enceinte ; pour les premières on a immergé du béton entre les têtes des pieux.

Pour deux des piles, les pieux de l'enceinte extérieure du batardeau ont été arrachés, à cause des difficultés que présentait leur recépage sous l'eau ; difficultés aggravées par les variations qu'éprouve le niveau sous l'influence des marées. Ces pieux avaient 12^m,64 de longueur, 0^m,194 sur 0^m,29 à 0^m,44 d'équarrissage, et 7 à 8 mètres de fiche, d'abord dans l'argile, puis dans le sable pur. Leur extraction exigeait, en moyenne, un effort de 39.000 kilogrammes, qu'on exerçait au moyen d'un grand levier, dont l'axe était supporté par les moises de l'enceinte. Un échafaudage volant, appliqué contre la paroi extérieure, portait les ouvriers et une chèvre au moyen de laquelle on achevait l'extraction commencée par le levier, sur lequel on agissait au moyen de moufles. Extraction des pieux d'enceinte de deux piles.

L'opération était fort lente : on n'extrayait que deux pieux par jour.

Le pont fixe est construit exactement comme ceux de la ligne du sud, et d'après les règles indiquées plus haut (81, 83).

Pont tournant.

.Pont tournant. 95. Il est formé (*fig.* 11) de trois poutres double T, à profil longitudinal d'égale résistance, et placées sous le tablier. Le système des supports est disposé comme dans les plaques tournantes ordinaires, avec galets coniques indépendants compris entre deux rails circulaires fixés, l'un aux poutres, l'autre à la maçonnerie. Un arc denté, boulonné sur la face extérieure de ce rail, et un pignon à manivelle servent à tourner le pont; lorsqu'il ouvre la voie, la concordance exacte des rails mobiles et des rails fixes est assurée par des verrous v, v, manœuvrés au moyen du levier l. Ce levier sert en même temps à imprimer un petit mouvement vertical à trois vis t, t, t, qui viennent soutenir l'extrémité de la volée, ou s'abaissent, au contraire, pour la laisser libre avant de tourner le pont. Ce petit mécanisme, fort usité en Allemagne pour les ponts tournants, se compose (*fig.* 11 et 13) d'un arbre horizontal a, portant au droit de chaque vis verticale une vis sans fin qui engrène avec la collerette dentée d'un écrou tournant b.

Matériaux. 96. La contrée, très-pauvre en matériaux, n'a fourni que les briques des piles. 1.700 mètres cubes de grès ont été tirés de la Saxe (bords de l'Elbe); la chaux, très-hydraulique, de la Westphalie; la pouzzolane, de la Hollande; le bois, des forêts de la Pologne et de la Gallicie, dont les essences résineuses possèdent, indépendamment des grandes dimensions qu'elles acquièrent, des propriétés très-convenables pour les fondations hydrauliques.

Autres ponts à construire sur la même ligne. 97. Deux autres ponts du même système doivent être construits sur cette ligne, l'un à Meppen, sur la Haase, affluent de l'Ems; l'autre sur l'Ems elle-même, au-dessous de Lingen.

Conditions de la réception des fers pour les ponts du Hanovre.
Tôles. 98. Les fers doivent porter la marque *best-best-best*, et être tirés des usines les plus renommées du Staffordshire.

Les tôles doivent se replier, à froid, sans criques ni gerçures, de telle sorte que l'écartement maximum mn (*fig.* 14) n'excède pas $4^{cent.},45$ pour celles de 19 mill. d'épaisseur; $3^{cent.},18$ pour celles de $16^{mill.}$; $2^{cent.},22$ sur celles de $12^{mill.},7$; $1^{cent.},59$ pour celles de $9^{mill.},5$.

Les fers d'angle subissent la même épreuve après avoir été coupés dans l'angle.

Pour le fer à rivets (qui doit porter la marque *best-scrap-rivet*), les barres, de 18 millim. de diamètre, doivent se replier à froid sur elles-mêmes, sans gerçures, à une distance de $6^{\text{mill.}},35$ au plus.

On a fixé, pour les nouveaux ponts, $3^k,8$ par millim. comme limite de l'effort subi par le fer sous une charge de 5.034 kil. par mètre courant de voie, y compris le poids du pont lui-même. Les épreuves des ponts déjà construits prouvent qu'on peut substituer au chiffre de $\dfrac{1}{1.800}$ celui de $\dfrac{1}{2.500}$, comme maximum de la flèche sous une charge composée de trois des plus lourdes machines, lancées à une vitesse de 18 mètres par seconde.

99. Le type des ponts de Hanovre vient d'être adopté pour la première application de la tôle en France à un ouvrage considérable, le pont de Langon (chemin de Bordeaux à Cette). Il y a cependant une différence essentielle : un pont unique, à deux poutres de rive, supportera les deux voies ; il aura trois travées ayant respectivement $74^m,40$ et $64^m,08$ d'ouverture entre les parements.

Longueur de la poutre. . . . . $211^m,44.$
Hauteur   *id.* . . . . $5^m,60.$

La poutre ne présente pas d'autres particularités que l'addition d'une cornière vers chacun des bords des plates-bandes, disposition très-convenable pour leur donner de la roideur.

Les poutrelles ou pièces de pont, espacées de $2^m,58$, sont exhaussées de telle sorte que le milieu de leur hauteur est à $0^m,22$ au-dessus du milieu des poutres. Leur liaison est opérée : 1° immédiatement, par une rivure sur le fer à T vertical τ ; 2° par deux goussets supérieurs et inférieurs, γ, γ ; 3° par une armature formée de deux arbalétriers α, α, et d'un tirant t qui détruit leur poussée.

Sur les faces latérales des pièces de pont, sont rivés des longerons θ, θ qui reçoivent les longuerines.

Ce pont, calculé à raison de 6 kil. d'effort maximum par mill. quarré, pour une surcharge très-considérable (4.000 kil. par mètre courant de voie), serait cependant très-léger ; il ne pèserait que 8oo.ooo kil., soit 3.8oo kil. par mètre courant, y compris les contrevents obliques en fer plat appliqués contre la face supérieure des poutrelles. Ce ne serait guère plus que pour les deux ponts accolés de Sarstedt (3.35o kil.), quoique l'ouverture soit deux fois et demie plus grande.

Supports
à glissières.

Les poutres doivent être fixées sur l'une des piles, et s'appuyer sur l'autre et sur les culées par l'intermédiaire de plaques d'assise, avec glissières baignées dans l'huile. Ces supports disposés ainsi, de manière à répartir les pressions sur les maçonneries, et à les soustraire aux poussées horizontales, exigeront environ 3o.ooo kilogrammes de fonte.

Préférence don-
née aux poutres
en treillis en
Prusse, dans le
Wurtemberg et
dans le pays de
Bade.

1oo. Les ponts en treillis, d'abord adoptés, puis abandonnés en Hanovre, sont au contraire hautement préférés à ceux à nervure pleine en Prusse, en Wurtemberg, et dans le pays de Bade. En Prusse, par exemple, on regarde comme consacrés par l'expérience pour une ouverture de $31^m,40$, les éléments suivants du treillis :

mill.

Largeur des barres.	78,3
Épaisseur *id.*	13,0
Écartement dans œuvre.	314,0

Ce qui équivaut, ainsi qu'on le vérifie facilement, à une nervure pleine de $5^{mill},15$ d'épaisseur dans les couvre-joints. Or, l'épaisseur prescrite en Hanovre est $12^{mill},15$ (81) ; si donc la solidarité entre les deux plates-bandes était réalisée au même degré, si la résistance était la même dans les deux cas, ce serait gratuitement qu'en Hanovre on augmenterait dans le rapport de 2,35 : 1 la masse de fer affectée au corps ; et on serait très-fondé à adopter le système le plus léger.

Comparaison des
deux systèmes.

Les partisans du treillis insistent sur ce point, qu'ils se conforment au principe le plus général, le moins contesté de la charpente, en plaçant toutes les pièces dans les conditions normales : celles de la résistance à un effort longitudinal. Ils se fondent aussi, comme les ingénieurs hanovriens, sur des résultats d'expériences comparatives. Ce n'est pas la première fois que deux thèses diamétralement opposées se prévalent l'une et l'autre de ce même titre, et avec des droits égaux. Les expériences dont il s'agit ont été de part et d'autre, trop peu multipliées. On a prouvé, en Hanovre, que la nervure pleine peut l'emporter de beaucoup, à poids égal : on a prouvé, en Prusse, que le treillis peut, à son tour, avoir l'avantage ; mais on n'a, ni d'un côté ni de l'autre, jugé le principe. L'argument *à priori* fondé sur l'assimilation de la nervure pleine au treillis, dont elle ne serait que la limite, pèche d'ailleurs par la base. Si l'on suppose que les barres du treillis s'étendent, dans chaque système, jusqu'au contact, en diminuant proportionnellement d'épaisseur, la résistance sera certainement réduite de beaucoup, parce que les contre-fiches auront, à section égale, la forme la plus défavorable. Mais on n'est nullement autorisé à conclure de ce *treillis plein* à la *nervure continue* de même épaisseur, dans laquelle les efforts peuvent et doivent, par suite de cette continuité même, se distribuer d'une manière toute différente.

La nervure pleine n'est pas la limite du treillis.

Il paraît certain, en définitive, que les deux systèmes sont à peu près équivalents, ou plutôt que tout dépend du mode d'exécution, chacun d'eux perdant ou reprenant l'avantage suivant que les particularités de la construction lui sont ou contraires, ou favorables. Le treillis a contre lui, il est vrai, la plupart des ingénieurs renommés de la Grande-Bretagne; mais c'est plutôt chez eux un parti pris que le résultat d'une discussion approfondie de la question. Aussi les ingénieurs prussiens, qui attribuent au treillis le double avantage de l'économie et d'un aspect moins dépourvu d'élégance, mettent-ils la condamnation prononcée contre lui en Angleterre sur le compte des préventions très-peu sympathiques qui accueillent dans ce pays les idées d'origine américaine.

```
— 104 —
```


On trouve cependant au delà du détroit quelques exemples de ce mode de construction, et entre autres le pont sur le canal Royal, à Dublin. Ce pont est formé de trois poutres en treillis de $42^m,70$ de portée, et ayant pour hauteur un huitième de l'ouverture.

101. Le pont en treillis le plus important de l'Allemagne est jusqu'à présent celui qui vient d'être construit à Offenbourg (Bade), sur la Kinzig, en remplacement du pont formé de cinq arches en fonte, emporté par une débâcle en août 1851.

L'intervalle entre les culées, restées intactes, est : 63 mètres. On a tenu à le franchir au moyen d'une seule travée.

Le tablier a été nécessairement placé près de l'entrait inférieur, comme aux ponts de Poganeck et d'Ulm, mais la hauteur des poutres ($6^m,3$) a permis aussi de les entretoiser en haut.

Ce n'est pas seulement pour la construction des poutres elles-mêmes, mais aussi pour le plan général de l'ouvrage, qu'on a adopté des principes différents de ceux qui prévalent en Hanovre. Ainsi, au lieu de faire, pour les deux voies, deux ponts indépendants, on les a établies sur le même tablier, de part et d'autre d'une poutre intermédiaire, ainsi que cela se pratique le plus ordinairement dans les ouvrages en bois.

Les plates-bandes sont formées de trois feuilles de $0^m,33$ de largeur et 13 millim. d'épaisseur, comprises entre deux paires de fers d'angle : l'une, intérieure, saisissant les bouts des barres du treillis; l'autre, extérieure, saisissant une nervure ou côte verticale de $0^m,16$ de hauteur et 15 millim. d'épaisseur.

Les fers d'angle ont $0^m,14$ de côté et 20 millim. d'épaisseur; le treillis est formé de barres de $0^m,125$ de large, 21 millimètres d'épaisseur, espacées de $0^m,45$ d'axe en axe. Il équivaut ainsi à une nervure pleine épaisse de $21^{mill} \times \dfrac{0,2025}{0,1125} = 11^{mill},7$, tandis qu'en Hanovre, pour une ouverture même très-inférieure

— 105 —

à la moitié de celle dont il s'agit ici, on adopte une épaisseur de
12$^{\text{mill.}}$,15.

Les barres sont laminées, mais en fer préalablement martelé
en paquets.

Le treillis de la poutre intermédiaire est formé de trois systèmes de barres ; les deux extrêmes (α, α, *fig.* 1) sont formés d'é-
léments inclinés dans le même sens, ayant toujours o^{m},125 de
large, mais seulement 16$^{\text{mill.}}$,5o d'épaisseur. Les barres du système intermédiaire (б), qui croisent les deux autres à angle
droit, ont o^{m},125 de large et 33 millimètres d'épaisseur.

La section des *contre-fiches* et des *tirants* excède donc
seulement d'un peu plus de moitié celle des pièces correspondantes des poutres de rive, quoique la poutre intermédiaire ait
à supporter, quand deux trains se croisent, une charge double
de celle des deux autres. Il paraît qu'on n'a pas voulu établir
une trop grande disproportion entre les résistances élastiques
des poutres intermédiaire et extrêmes pour éviter une disproportion correspondante entre les flèches dans le cas, le plus fré-
quent de beaucoup, où une seule voie est occupée par un train,
et où par suite les charges des deux poutres sont égales (116).

Mais cette considération ne justifie nullement l'identité
des dimensions des plates-bandes. Il est évident que
celles de la poutre du milieu devraient avoir le même
surplus d'équarrissage que les pièces du treillis ; ou
bien l'équarrissage des plates-bandes restant constant,
la hauteur de la poutre devrait être plus grande. Ce
n'est pas, du reste, la seule critique qu'on puisse
adresser à la conception d'un ouvrage qui se recom-
mande d'ailleurs par plusieurs dispositions heureuses
et une exécution très-soignée.

En somme, le poids de la poutre du milieu excède seulement
de 25 p. 100 celui des poutres de rive. La première pèse
200.000 kil., et les autres chacune 160.000 kil.

102. On a rivé sur le treillis en *m*, *m* et en *m'*, *m'* un double
cours de rails en Ω. Il serait difficile d'attribuer à ces pièces
un rôle et une utilité bien déterminés.

On a donné aux poutres une flèche de fabrication de 45 millimètres, soit 1/1.55o de l'ouverture.

Rivure à froid. La rivure du treillis a été faite à froid : les rivets, de $0^m,03$ de diamètre, sont en fer au bois, d'excellente qualité, provenant des usines de l'État; et tournés avec beaucoup de soin. Les feuilles des plates-bandes ont été, au contraire, rivées à chaud, parce que l'influence de la contraction des rivets a semblé l'emporter pour ces assemblages sur les avantages attribués au travail à froid, et qui se réduisent du reste aux garanties plus complètes qu'il présente contre les malfaçons. La position des rivets, exactement normale aux barres, a paru la condition essentielle pour le treillis, et la rivure à froid a été préférée comme plus propre à la réaliser, parce qu'elle exige une correspondance rigoureuse des trous. Quant aux fers d'angle, ils ne sont pas rivés, mais soudés.

Pièces de pont. Les traverses ou poutrelles p, p, espacées de $1^m,89$ d'axe en axe, sont formées de rails de rebut, s'appuyant sur la platebande de chaque poutre par l'intermédiaire de deux contre-fiches c, c formées par les prolongements infléchis d'une sous-poutrelle. Celle-ci est formée aussi d'un rail rivé base à base contre la poutrelle; l'une et l'autre sont saisies par deux sabots en fonte, munis d'oreilles sur lesquelles sont boulonnées les longrines de la voie (*fig.* 1 et 4).

Les poutrelles ont, au delà des poutres, une saillie de $1^m,50$, qui supporte, suivant l'usage, un trottoir (π) pour les piétons.

Les poutres sont contre-ventées : au niveau des poutrelles par un réseau, à très-grandes de mailles, de barres plates ; et au sommet, par des croix de Saint-André avec traverses.

Les longrines, en chêne bouilli dans l'huile, ont $0^m,14$ sur $0^m,36$. — Un plancher en chêne à claire-voie, épais de $0^m,09$, est posé sur les poutrelles.

Portiques aux abords. Les poutres ont leurs extrémités encadrées par des portiques en pierre de taille (*fig.* 2 et 3), de style gothique, et élevés de $8^m,25$. Ces portiques ne manquent pas d'élégance, mais ils s'harmonisent assez mal avec l'ouvrage en treillis, dont la légèreté n'avait pas besoin du contraste d'une construction massive.

Prix. Les portées sur les culées ont 4 mètres de longueur; les extrémités des poutres sont emboîtées de chaque côté par un sabot en fonte, sans rouleaux de friction (120).

La dépense s'est élevée à 260.000 fr., non compris les culées et la valeur des rails utilisés pour le tablier.

105. 1° Sous une charge de 125.000 kilogrammes, uniformé-
ment répartis sur les deux voies :

Les poutres extrêmes ont fléchi de 12 millimètres ;

Celle du milieu, de 18 millimètres.

2° On a posé sur les rails, vers le milieu d'une des voies,
des coins en fer de 0^m,03 d'épaisseur. Chaque essieu d'une
machine et de son tender, circulant très-lentement, tombait
successivement de cette hauteur.

Les flèches ont été :

Pour les poutres de rive, de 7$^{mill.}$,8 à 8$^{mill.}$,1 ;

Pour celle du milieu, 6$^{mill.}$,9.

Elles ne diffèrent pas sensiblement de celles (7$^{mill.}$,5 à 8$^{mill.}$,1
et 5$^{mill.}$,4 à 6 mill.) que produisait la même machine lancée sur la
voie, sans aucun obstacle, à la vitesse de 48 kilom. à l'heure.

La faible influence d'un choc exercé dans ces conditions
était du reste facile à prévoir. Le centre de gravité de la chau-
dière ne s'élevait pas sensiblement lorsqu'une des paires de
roues gravissait l'obstacle. Les ressorts qui la pressaient se
rectifiaient, et la chaudière restait immobile, quand les coins
étaient atteints par les roues du milieu : elles s'élevait à un
bout, en s'abaissant à l'autre, quand ils étaient atteints par
l'une des roues extrêmes. La masse choquante n'était donc en
réalité que celle d'une paire de roues : seulement l'excès de
pression des ressorts qui se débandaient lui communiquait un
surcroît de vitesse équivalent à un certain surcroît de hauteur
de chute, et dépendant essentiellement du degré de rigidité des
ressorts. Il est facile de s'assurer que le travail mesurant un
semblable choc était très-faible, et incapable d'exercer un effet
sensible sur un système possédant une masse et une rigidité
aussi grandes que celles du pont.

3° Deux trains formés chacun de trois locomotives avec leurs
tenders, pesant en tout 181.500 kilogrammes, étaient lancés
en sens contraire sur les deux voies à la vitesse de 48 kilomètres à l'heure, de telle sorte que leurs milieux se rencon-
trassent au milieu du pont.

Les flèches ont été :

Pour les poutres de rive : 18$^{mill.}$,9 et 19$^{mill.}$,8.

Pour celle du milieu, 29$^{mill.}$,1, soit à très-peu près 50 p. 100
de plus.

L'oscillation horizontale n'a dépassé nulle part 6$^{mill.}$,9,
grâce à la solidarité parfaite établie par les contrevents supé-

rieurs et inférieurs et à la roideur latérale qui en résulte.

Les vibrations n'étaient, dit-on, pas plus prononcées que sur un remblai.

La flèche de fabrication fixée à 0ᵐ,09, était réduite après la pose à 0,045, ce qui donne pour l'abaissement relatif au milieu 1/1.555 de l'ouverture.

Pont de Pforzheim.
(Pl. V, *fig.* 7 et 8.)

104. On remarque dans le pays de Bade, sur les routes ordinaires, de nombreux ponts en tôle, dont l'importance n'est pas comparable à celle du précédent, mais qui offrent quelquefois des particularités de construction remarquables. Je citerai, par exemple, le pont de Pforzheim, sur l'Enz, dans lequel on a adopté pour la liaison des traverses avec les poutres la disposition usitée en Hanovre.

Ce pont est formé de deux travées de 25ᵐ,50 d'ouverture.

Le treillis des poutres est formé de barres de 0ᵐ,075 de large et 15 millimètres d'épaisseur, espacées de 0ᵐ,255 d'axe en axe.—Au droit des piles et culées, de grandes feuilles de tôle en forme de trapèze (τ, τ) sont rivées sur le treillis.

Les poutrelles, espacées de 2ᵐ,40, sont elles-mêmes en treillis.

Soudure des plates-bandes inférieures.

Aux termes du marché, tous les fers d'angle et les feuilles de plates-bandes elles-mêmes devaient être soudés. Cette opération, longue et embarrassante, fut supprimée pour la partie supérieure de la poutre, pour laquelle elle n'avait en effet aucune utilité; on s'attacha seulement à appliquer parfaitement les uns contre les autres les abouts des feuilles et des cornières.

Rivure à chaud.

Toute la rivure a été faite à chaud; on a constaté qu'il fallait, à froid, deux cents coups au lieu de vingt-huit pour faire une tête; d'un autre côté, il faut plus de précision dans la correspondance des trous, et l'application exacte des têtes est plus difficile à obtenir : c'est, du reste, précisément en cela que consistent et la garantie et la difficulté des travaux à froid.

Ce pont est revenu à 0ᶠ,624 le kilogramme.

Wurtemberg.
—
Ponts en treillis d'Esslingen.
1° Pont sur le Hammerkanal.
(Pl. IV, *fig.* 18, 19, 20.)

105. On a construit récemment deux ponts sur poutres en treillis sur le chemin de fer Wurtembergeois; ils sont situés à Esslingen : l'un sur le bras du Neckar qui traverse cette ville, l'autre sur le *Hammer-Kanal*, qui fournit l'eau motrice aux ateliers du chemin de fer et au grand établissement de Kessler.

Celui-ci est en biais (*fig.* 00), et a : 18ᵐ,54 d'ouverture, normalement aux culées, et 23ᵐ,96 suivant le biais.

Les poutres ne présentent qu'un détail à signaler. Les plates-bandes proprement dites sont relativement très-faibles; mais aussi les fers d'angle, au lieu de saisir immédiatement les barres du treillis, comprennent deux pièces intermédiaires ou joues verticales j,j de $0^m,275$ de haut et 9 millimètres d'épaisseur; par suite de la petitesse de leur hauteur relativement à celle de la poutre, ces feuilles sont soumises, comme les bandes horizontales, à des efforts uniformément répartis dans leur section, et contribuent d'ailleurs plus efficacement à la roideur de la partie comprimée. Elles sont les équivalents des crêtes ou nervures avec fers d'angle du pont d'Offenbourg (101); seulement leur position est inverse relativement à la plate-bande.

Celle-ci est formée : en haut, d'une seule feuille large de $0^m,43$ et épaisse de 15 millimètres; en bas, de deux feuilles de $0^m,55$ sur 17 millimètres; de plus, les bords des cornières affleurent ceux de la plate-bande; celles du bas ont $0^m,110$ de côté, tandis que celles du haut ont seulement $0^m,083$. Cette infériorité de la section de la région comprimée est contraire aux idées reçues.

Les barres du treillis, larges de $0^m,086$, épaisses de $12^{mill.},5$, sont espacées d'axe en axe de $0^m,280$. Mais sur les culées et jusqu'à $3^m,50$ environ au delà, les contre-fiches sont doublées. On a été conduit à cette addition par quelques expériences faites sur un modèle au $1/10^e$, et qui ont donné d'abord des résultats analogues à ceux qu'on a observés en Hanovre (84), mais dont on n'a pas tiré des conséquences aussi forcées. Avec le treillis ainsi consolidé par des pièces en décharge vers la région des appuis, la résistance augmentait beaucoup, et la rupture rentrait dans les conditions normales; c'est-à-dire qu'elle s'opérait au milieu, par le déchirement d'une plate-bande et l'affaissement de l'autre.

Contre-fiches
doublées
près des appuis.

Les poutrelles sont disposées comme en Hanovre, mais placées le plus bas possible, par suite des conditions du niveau des rails; elles sont espacées de $1^m,54$, avec une traverse en bois dans chaque intervalle. Au droit des poutrelles le treillis est revêtu sur ses deux faces de larges bandes de tôle mm, nn, épaisses de 12 millimètres à l'extérieur et de 7 à l'intérieur, qui servent d'intermédiaires pour fixer au treillis les cornières des grands goussets gg.

106. Quelques mots suffiront sur l'autre pont, formé de trois petites travées :

2° Pont
sur le petit bras.

1° Les poutrelles sont en bois et simplement posées sur la

plate-bande consolidée par des goussets ; le corps de la poutre n'est pas au milieu des plates-bandes : on l'a reporté vers l'extérieur pour rapprocher de l'axe le point d'application de la résultante des pressions ;

2° Les feuilles et les cornières des plates-bandes supérieures et inférieures sont toutes soudées. L'absence de couvre-joints donne aux ouvrages un aspect plus soigné, plus fini : mais c'est son seul avantage.

3° A peine ce pont était-il terminé que le défaut d'entretoisement des poutres s'est fait sentir. Elles se déversaient en se gauchissant, inconvénient auquel on a paré, mais incomplétement, au moyen d'une contre-fiche en fer fixée d'une part à chaque poutrelle, et de l'autre à la plate-bande supérieure.

Ces deux ponts sortent des ateliers de Kessler (1), ainsi qu'un troisième, plus léger, d'ouverture plus considérable, destiné au passage du Necker par une route ordinaire (à Cannstadt), et dans lequel on a adopté la fonte pour la plate-bande supérieure.

Prusse.

Ponts de Dirschau et de Marienbourg.

107. Le treillis sera appliqué aux ponts de Dirschau sur la Vistule, et de Marienbourg sur le Nogat, mais combiné, comme au Britannia, avec un plafond et un plancher. Le pont de Dirschau sera, sans contredit, un monument fort remarquable par ses proportions (6 travées de $121^m,26$ d'ouverture), mais il dérive complétement de la conception de Stephenson. La substitution du treillis aux parois pleines n'est qu'une affaire de détail, et le pont de Dirschau ne sera, quoiqu'on repousse pour lui cette qualification, pas autre chose qu'un *pont tubulaire*.

Le système tubulaire n'est pas abandonné en Angleterre.

C'est, du reste, à tort qu'on présente souvent le principe des ponts tubulaires comme déjà abandonné en Angleterre. Ses applications sont restreintes, parce qu'il suppose une ouverture considérable, 50 mètres au moins ; mais il subsiste comme une solution précieuse, susceptible d'ailleurs d'améliorations de dé-

(1) La fabrication des ponts en tôle est un véritable travail de grosse chaudronnerie et, à ce titre, naturellement annexée aux ateliers de construction de locomotives.

tail. Dans le nouveau pont de ce genre qu'il a construit à Brotherton (68^m,60 d'ouverture), M. Stephenson a supprimé les cellules, en se contentant de cintrer légèrement le plafond pour lui donner plus de roideur (1), et conservé les parois verticales pleines, presque seules employées, du reste, en Angleterre pour tous les systèmes de poutres.

108. Ce n'est pas seulement pour les ponts fixes que l'emploi des poutres en treillis se généralise en Prusse, mais aussi pour les ponts tournants. On en trouve plusieurs exemples à Berlin (pont du chemin d'Anhalt, pont de la *Wasserthor*, sous le chemin de ceinture, etc.) Ces ponts sont à double volée, et à deux poutres de rive armées au moyen d'un double poinçon et de tirants. La disposition des appuis mobiles aux deux bouts est le même qu'au pont de Leer (95). *Ponts tournants sur poutres en treillis.*

Les travées tournantes de 11^m,7 d'ouverture, du grand pont en bois, de 3.600 mètres de longueur totale, jeté sur les trois bras de l'Oder, à Stettin (chemin de Stargard), sont également en treillis. Le pont sur l'Oder proprement dite est à double volée, et l'autre, sur la Parnitz, à simple volée. Le troisième bras a aussi une travée mobile, mais en bois, et dont la disposition n'est pas heureuse; elle a 19 mètres de longueur et pivote sur un bout tandis que l'autre roule sur un petit chemin de fer en arc de cercle installé sur des palées. *Pont sur l'Oder, à Stettin.*

109. Un des principaux ponts en tôle des chemins de fer prussiens est celui d'Altstadt, sur la Ruhr (ligne de Cologne à Minden). Je ne m'arrêterai pas aux détails de construction de ce pont formé de travées de 24^m,40 d'ouverture et construit chez Börsig à Berlin; le modèle qui a servi aux expériences de Hanovre (82) était d'ailleurs la réduction exacte au 1/8 d'une de ces travées; seulement la plate-bande supérieure qui était en tôle dans les poutres d'épreuve, est en fonte dans le pont de la Ruhr. Cette particularité est en rapport avec une autre plus importante et sur laquelle je reviendrai tout à l'heure (117), c'est *Pont sur la Ruhr à Altstadt.*

(1) Chaque tube, de 6 mètres de haut et 3^m,36 de large, pèse 250.000 kilogrammes.

que les poutres sont complétement interrompues sur les piles.

Cette discontinuité des poutres, dans les ponts comprenant plusieurs travées, commence à trouver des partisans en Allemagne. Le pont cité tout à l'heure (107), destiné au passage d'une route sur le Neckar, est construit dans ce système : les plates-bandes supérieures sont en fonte, et réunies sur les piles par un joint à rainure et languette, simplement pour maintenir la rectitude de l'ensemble ; les plates-bandes inférieures et les treillis sont complétement interrompus. Le pont de Boom, mentionné dans la note suivante, est dans le même cas : l'indépendance des travées est complète.

Viaduc en fer devant l'enceinte de Cologne. 110. Le chemin rhénan, qui n'avait jusqu'à présent à Cologne qu'une station extérieure provisoire, vient de se prolonger pour atteindre la station définitive entièrement terminée ; il suit le fleuve et passe devant la nouvelle enceinte fortifiée ; un remblai eût masqué les batteries casematées, et la compagnie a été autorisée à construire un viaduc en fer, sur palées en fonte, d'une destruction facile. Ce travail ne présente du reste rien de remarquable.

Poutres du système Néville. 111. Le système Néville, récemment appliqué en Belgique sur une très-grande échelle (1), l'a été également en Autriche, où les ingénieurs n'ayant pas de parti pris en matière de ponts en fer, sont disposés à accueillir tous les types de construction, pourvu qu'ils aient déjà fait leurs preuves. Le chemin du Nord *Pont de Prérau.* traverse la Bezwa, à Prérau, sur un pont Néville, formé de cinq travées de 19 mètres d'ouverture, et de trois poutres espacées de $1^m,58$ de milieu à milieu. Le poids d'une telle travée pour simple voie, est : 45.360 kilogrammes, superstructure non comprise. Ce pont, construit en 1851, a été soumis à des épreuves très-sévères auxquelles il a très-bien résisté. Malgré le grand nombre de pièces qu'on reproche à juste titre à ce système, on est disposé à le préférer, économiquement parlant, aux poutres en treillis et

---

(1) Sur le Rupel, entre Boom et Willebroeck (Pl. IV, *fig.* 14).

Ce pont est biais (angle des axes 76°) et a 206 mètres de long. Il est formé de sept travées fixes et de deux travées mobiles ; le tablier est porté par trois fermes.

Le pont tournant à double volée, long de $45^m,30$, est construit exactement comme les travées fixes, et armé sur chaque tête par une colonne en fonte et deux couples de haubans.

Les sept travées fixes pèsent 313.000 kilogrammes et le pont tournant 140.000 kilogrammes.

surtout au système tubulaire; aussi est-il question de l'appliquer bientôt sur de plus grandes proportions.

112. Lorsque les poutres sont placées sous le tablier et l'ouver- *Poutres creuses.*
ture un peu grande, il y a aujourd'hui une certaine tendance à remplacer les poutres double T, par des caisses prismatiques de même section pleine. A défaut d'exemple de cette disposition en Allemagne, je dirai quelques mots de l'application faite récemment en Belgique sur le chemin de fer de Charleroi à Namur, pour le passage de la Sambre.

Le pont de la Sambre a 33 mètres d'ouverture, et deux voies *Pont de la Sambre*
portées par deux poutres de rive et une intermédiaire, ayant *(Belgique).*
toutes trois $0^m,51$ de large, et respectivement $2^m,44$ et $3^m,05$ de haut: on n'a pas procédé ici comme au pont d'Offenbourg (101): l'équarrissage et la hauteur de la poutre du milieu ont été combinés de manière à lui donner une résistance double de celle des poutres de rive. Et en effet sous une charge uniformément répartie de 200.000 kilogrammes (3.000 kilogrammes par mètre courant de voie simple), la première a fléchi de 27 mill. et les deux autres de 26 mill.

113. L'établissement des ponts sur poutres en tôle, *Questions que*
à grande portée, soulève plusieurs questions que je *soulève l'établis-*
passerai rapidement en revue en cherchant à rassem- *tres en tôle.*
bler quelques-uns des éléments de leur solution :

1° Le tablier peut être placé : sur les entraits inférieurs, ou sur le haut des poutres, ou dans une position intermédiaire.

2° S'il y a deux voies, elles peuvent être supportées par deux ponts distincts, tout à faits indépendants, ou être solidaires; et dans ce second cas, il peut y avoir, ou deux poutres de rive seulement, ou deux poutres de rive et une intermédiaire.

3° Si le pont a plusieurs travées, les poutres peuvent être ou continues sur les piles, ou formées de parties séparées.

4° Le corps de la poutre peut être ou plein, ou en treillis.

1° Position du tablier.

1ʳᵉ question.

Inconvénients de la position intermediaire du tablier pour les grandes portées.

114. Lorsque cette position n'est pas imposée par d'autres considérations, on doit préférer celle qui assure le meilleur contreventement des poutres. En installant le tablier sur le sommet, on a toute latitude pour les entre-toiser aussi à la partie inférieure; mais outre que cette position est souvent interdite par le profil du chemin, les poutres n'ont pas besoin, quand leur hauteur est faible, d'être contreventées en haut et en bas : un seul étage de contrevents suffit, pourvu qu'il occupe leur région moyenne. L'exhaussement des poutrelles paraît donc très-motivé quand il s'applique, comme en Hanovre, à des poutres pour lesquelles le double contreventement en haut et en bas est, ou inutile, à cause de leur hauteur médiocre ; ou impossible parce que cette hauteur quoique déjà considérable, est encore moindre que celle des cheminées de locomotives.

Mais quand la largeur des ouvertures conduit tout naturellement à donner aux poutres une grande hauteur, c'est-à-dire quand le double entretoisement devient à la fois très-utile et très-facilement praticable, on ne voit pas dans quel but on peut être conduit à y renoncer. Le relèvement des poutrelles a nécessairement pour effet d'augmenter la largeur du pont, car l'accotement doit être compté alors, non à partir du corps de la poutre, mais à partir du bord de la plate-bande. C'est ainsi qu'au pont de Langon (99) on a adopté pour les poutres un écartement de $8^m,30$ d'axe en axe pour avoir un passage de $7^m,40$, à cause de la saillie de $0^m,45$ des plates-bandes vers l'intérieur. Sous ce rapport le projet du pont de Langon ne paraît pas à imiter. L'exemple du pont d'Offenbourg (101) qui a, à très-peu près, la même ouverture que les travées extrêmes de Langon, prouve qu'on peut, avec le tablier inférieur, obtenir à très-peu de frais un contreventement parfaitement efficace, simplifié dans ce cas, il est vrai, par la présence d'une poutre intermédiaire.

2° Indépendance ou solidarité des deux voies.

115. Sur un chemin construit d'abord à une seule voie, l'indépendance offre l'avantage d'une économie actuelle; mais cette considération est secondaire. En Hanovre, l'indépendance a été appliquée également aux ponts construits immédiatement pour deux voies, parce qu'on l'a regardée comme préférable en elle-même.

2e question.

La solidarité présente certainement des avantages : ce sont même, au premier abord, les plus frappants. Ainsi elle donne au solide considéré en masse une largeur double qui s'oppose efficacement, surtout pour les grandes portées, à la tendance au gauchissement latéral : elle améliore, en un mot, ses proportions. De plus, jusqu'à ce qu'il soit prouvé que les vibrations ne hâtent pas la destruction des ouvrages en tôle rivée, on doit assurément regarder comme avantageux d'augmenter la masse qui y participe, de disséminer dans une masse double les ébranlements produits par le passage d'un train.

Mais l'unité a, d'un autre côté, des inconvénients sérieux. S'il y a une poutre intermédiaire, cela revient à rendre solidaires, dans le cas précédent, les deux poutres intérieures, disposition qui serait très-convenable si les deux voies devaient toujours être chargées en même temps; mais cette circonstance se présente rarement : et pour le cas ordinaire, celui où un train seulement franchit le pont, l'inégalité de roideur des deux poutres dont les flèches sont :: 1 : 2, entraîne dans

1° Solidarité avec une poutre intermédiaire.

la section transversale du système des changements de forme non symétriques, et dans les attaches des poutrelles et des goussets aux poutres, des tiraillements dont l'influence doit être à coup sûr au moins très-suspecte. La gravité de ces effets croît d'ailleurs avec l'ouverture, puisque la différence des flèches augmente en même temps qu'elle. Si, comme on l'a fait au pont d'Offenbourg (102), on réduit l'excès de résistance de la poutre du milieu, elle se trouve surchargée lors des croisements de trains, et de plus les inconvénients attachés à l'inégalité des flèches subsistent alors, aussi bien quand les deux voies sont chargées que quand une seule l'est. Mais ils sont fort atténués, et dès lors la poutre intermédiaire admise, il semble plus convenable de la calculer pour une charge moyenne, comme à Offenbourg, que pour la charge maximum, c'est-à-dire en vue des croisements de trains, comme on l'a fait au pont de la Sambre (113). C'est cependant à ce second parti que paraît s'arrêter la majorité des constructeurs (1).

2° Solidarité avec deux poutres de rive seulement. Des objections graves s'élèvent aussi contre l'emploi de deux poutres de rive seulement, supportant les deux voies; la répartition fort inégale de la charge entre les deux poutres, lors du passage d'un train,

---

(1) L'exemple le plus récent, en France, est le pont à peine terminé, sur le Roubion, près Montélimart (chemin de Lyon à la Méditerranée). Les trois poutres ont la même hauteur; les largeurs et les épaisseurs ont été combinées de manière à réaliser l'égalité des résistances.

Ce pont devait être formé de trois travées de 36^m; la confiance médiocre des ingénieurs dans les ouvrages en tôle les a décidés à doubler le nombre des travées.

M. Brunel a donné également un équarrissage double à la poutre intermédiaire dans le pont qu'il a construit sur la Tamise, à Windsor, pour le passage du chemin de fer (Pl. IV, *fig.* 21).

produit, comme l'inégalité des résistances dans le cas
précédent, l'inégalité des flèches.

En supposant la charge des deux rails concentrée sur l'axe
de la voie, les flèches des deux poutres sont entre elles
:: $\dfrac{d + e + 2^m,25}{d + 0,75}$ d étant la distance du corps de la poutre au
rail extérieur, et e l'entre- voie. Au pont de Langon, par exemple, on a $d = 1^m,65$, $e = 2^m$, ce qui donne pour le rapport des
flèches : 2,45.

On ne peut pas diminuer ce rapport comme on le
fait pour le rapport 2, dans le système à trois poutres, en réduisant l'équarrissage de celle du milieu.
Mais les poutres étant deux fois plus roides que celles
extrêmes du pont à trois poutres, la différence des flèches est, en somme, moindre que pour celui ci ; et
comme même à flèche relative égale, l'inclinaison
transversale du tablier est beaucoup moindre dans le
pont à deux poutres, la déformation, l'altération de la
symétrie transversale est, en définitive, notablement
moins prononcée dans ce type.

Quant à la masse de métal nécessaire, elle est évidemment la même pour le pont à poutres indépendantes et pour celui à trois poutres solidaires (ou un peu
moindre dans ce cas, mais avec une réduction correspondante de la résistance, si on procède comme à Offenbourg). Pour le système à deux poutres de rive, dont la
disposition générale peut varier, la masse de métal dépend, à travail égal du fer, des combinaisons adoptées :
mais il est facile de reconnaître qu'à type égal, c'est-à-
dire quand les poutrelles sont supportées seulement aux
deux bouts, ce mode de construction exige une masse
de métal notablement supérieure à celle des deux séries de poutrelles des ponts indépendants.

En supposant la distance du rail extérieur au corps de la poutre
le même dans les deux cas (quoiqu'elle soit plus grande dans

la grande poutrelle), on a (Pl. V, *fig.* 13) la relation

d'où on déduit que si les poutrelles avaient pour section des rectangles semblables, leurs équarrissages seraient :: 1,56 : 1, rapport qui exprimerait à très-peu près aussi celui des masses : car la demi-entrevoie étant moins large que l'accotement, cette différence compense sensiblement l'excédant de longueur de celui-ci dans le pont à deux voies solidaires; de sorte que la longueur totale des poutrelles est à très-peu près la même dans les deux types.

Inconvénients
d'une armature
inférieure
des poutrelles.

On peut, il est vrai, réduire l'équarrissage des poutrelles en les soutenant au milieu par une armature fonctionnant, à leur égard, à peu près comme une poutre intermédiaire ; mais il faut alors les relever beaucoup; et l'addition de cette armature inférieure, admise comme on l'a vu pour le pont de Langon, ne paraît pas assez avantageuse pour justifier à elle seule l'exhaussement des poutrelles.

L'excès de poids des poutrelles peut, du reste, être racheté en partie par une certaine économie dans la construction des poutres; deux poutres seulement peuvent à charge égale et même un peu supérieure, avoir une masse moindre que quatre, parce que l'accroissement même des épaisseurs permet d'augmenter la hau-

---

(1) d étant l'accotement, ε la largeur de voie, on a, en négligeant l'encastrement partiel dû au mode d'attache des poutrelles aux poutres,

pour la poutrelle simple :
$$\frac{P}{2} = \frac{IR}{V\left(d + \frac{\varepsilon}{2}\right)};$$

et pour la poutrelle double :
$$P = \frac{I'R}{V'\left(d + \frac{\varepsilon}{2}\right)},$$

expression indépendante de la longueur de l'entre-voie, parce que toute la partie *mn* comprise entre les axes des deux voies est un arc de cercle dont le rayon ne dépend que de d et ε.

teur du solide, d'y répartir en un mot le métal d'une manière plus favorable à la résistance.

En résumé, trois poutres semblent préférables à deux, et une poutre intermédiaire de résistance *moyenne*, préférable à une de résistance *double*, si l'on admet la solidarité ; mais l'indépendance des deux voies paraît être, dans l'état actuel de la question, la combinaison qui offre le plus de garanties, parce que tous les efforts s'y développent symétriquement, que tout le système travaille pour ainsi dire carrément (1). Malgré les critiques dont il a été l'objet, le pont Britannia est et sera longtemps sans doute, en matière d'application de la tôle aux constructions, non-seulement un exemple unique par sa hardiesse, mais aussi le plus fécond en enseignements. Ce n'est pas légèrement que M. Stephenson s'est décidé à laisser ses deux tubes complétement isolés l'un de l'autre ; la considération du levage qui était, en définitive, la seule mais aussi l'immense difficulté de l'exécution, n'est évidemment pour rien dans le parti pris à cet égard, puisque la solidarité n'aurait été établie qu'après le levage, et sans entraîner d'autres modifications que la juxtaposition de ces deux tubes.

L'indépendance des deux voies paraît être le meilleur parti.

3° Continuité ou indépendance des travées.

116. La question que soulève, indépendamment du système des poutres, l'établissement des ponts de plusieurs travées, peut se présenter sous deux formes. Ou bien la position des piles est donnée (comme au détroit de Menai par exemple), et c'est par une distribution convenable

3e question.
Comparaison des travées continues et indépendantes.

---

(1) Le système à deux poutres de rive peut d'ailleurs être imposé, à l'exclusion des autres, par la présence d'un changement de voie.

des équarrissages qu'on se rapproche plus ou moins de l'égalité de résistance pour toutes les travées : ou bien la section du solide étant uniforme, il s'agit de distribuer les piles de manière à remplir cette condition, c'est-à-dire l'égalité des efforts développés, sous une même charge, dans les sections dangereuses de toutes les travées. Mais il y a, avant tout, une question, préjudicielle pour ainsi dire, que celles-ci supposent tranchée ; c'est de savoir s'il convient, dans un pont de plusieurs travées, de faire la poutre continue dans toute sa longueur, ou de traiter chaque travée comme un pont distinct.

Continuité : ses avantages et ses inconvénients.

Généralement on ne pose même pas cette question, tant les avantages de la continuité paraissent évidents. Elle réalise, en effet, à un certain degré, très-variable d'ailleurs, l'encastrement sur les piles ; elle crée des points d'inflexion et équivaut ainsi, au point de vue des efforts longitudinaux développés dans les poutres, à une véritable réduction des portées.

La continuité n'aurait que des avantages si elle produisait un encastrement complet sur les piles, c'est-à-dire si la tangente restait toujours horizontale, quel que fût le mode d'application des charges, égales ou inégales, simultanées ou successives, sur les deux travées contiguës. Elle exige seulement qu'on tienne compte dans la construction de la poutre, des conditions différentes dans lesquelles elle se trouve de part et d'autre de chaque point d'inflexion, puisque la plate-bande est tendue d'un côté d'un de ces points, et comprimée de l'autre. Si les ouvertures sont petites, et si par suite chaque travée doit supporter des charges mobiles considérables relativement à sa propre masse, les points d'inflexion se déplacent notablement avec elles, et une même région des plates-bandes est soumise, tantôt à des efforts d'extension, tantôt à des efforts de compression. On en est quitte pour disposer cette région des deux plates-bandes, ou mieux encore la totalité de leur longueur, de telle sorte qu'elles résistent également bien aux efforts dirigés dans les deux sens. C'est ainsi, par exemple, que dans le pont de Langon (99) les doubles cornières latérales destinées à raidir les plates-bandes sont appliquées non-seulement à la partie supérieure mais aussi au bas des poutres, tandis qu'ici une simple surépaisseur serait préférable s'il s'agissait d'une travée unique. De même, la fonte, qui peut être employée pour la plate-bande supérieure dans les travées indépendantes, parce qu'elle est comprimée partout, est inadmissible dans les travées solidaires. Ainsi l'emploi de la fonte, admis à tort ou à raison comme on l'a fait pour le pont de la Ruhr (109), pour celui du Neckar (106), etc..., exclut nécessairement la continuité, et réciproquement.

S'il ne s'agissait que de l'exclusion de la fonte, ce serait certainement une bien faible objection contre la continuité ; mais celle-ci interdit également l'application de divers types de poutres d'une construction judicieuse. Tel est, par exemple, le système Néville (Pl. V, *fig.* 14) : sans être absolument incompatible avec la continuité, il s'y prêterait fort mal, à cause des équarrissages très-différents, en quelque sorte supplémentaires, donnés aux deux éléments, — fer et fonte, — des plates-bandes mixtes, suivant la nature de l'effort auquel elles doivent résister. Aussi tous les ponts de ce constructeur sont-ils à travées indépendantes. La continuité exige, d'un autre côté, des dispositions qui permettent le libre jeu des dilatations et des contractions, précaution superflue quand la longueur est répartie entre plusieurs travées indépendantes et d'une faible portée.

117. Examinons maintenant l'influence de la continuité sur les conditions mêmes dans lesquelles chaque travée est placée.

En réalité, il n'y a encastrement entre deux travées que si elles remplissent certaines conditions corrélatives de longueurs et de charges : ainsi, pour deux travées égales, posées sur trois appuis, l'encastrement n'est admissible que si elles sont également chargées, c'est-à-dire pour certaines circonstances toutes particulières, telles que l'épreuve au moyen d'une charge uniformément répartie (1) : mais un pont est fait pour supporter des charges qui se déplacent, qui occupent successivement chacune des travées pendant que les autres sont déchargées ; et alors, c'est-à-dire pour le cas vraiment pratique, on peut ou avoir à peu de chose près l'encastrement, ou en être au contraire fort loin ; tout dépend de la grandeur des portées.

Les avantages de la continuité dépendent de l'ouverture. Une travée de $22^m,48$ à simple voie comme celle du pont de Sarstedt (oo), pèse 37.650 kilogrammes : une travée de 140 mètres d'un des ponts-tubes de Menai pèse 1.500.000 kilogrammes ; il est vrai que sur les chemins de fer, la charge maximum d'une travée est proportionnelle à sa portée ; mais cette charge, par unité de longueur, est indépendante de l'ouverture, tandis que le poids du mètre de travée croît rapidement avec cette dimension. Le passage d'un train sur une travée affectera donc bien différemment dans les deux ponts l'inclinaison de la tangente sur les points d'appui, parce que le relèvement de la travée voisine, très-notable dans le premier cas, sera à peu près insensible dans

---

(1) La tangente serait toujours horizontale aussi dans le cas de deux travées de longueur a, b, chargées au milieu de poids P, P_1, tels que $Pa = P_1 b$. Mais je laisse de côté les cas de ce genre qui ne se réalisent jamais dans les ponts.

Je second, à cause de l'influence dominante du poids de la travée elle-même.

La continuité peut donc être parfaitement motivée pour celui-ci, sans qu'on soit autorisé à la regarder par cela même, comme fondée pour l'autre.

On admet, en Hanovre, que les longueurs de trois travées de même section, et qui sont respectivement :

indépendante,

extrême,

intermédiaire,

doivent être entre elles :: 3 : 4 : 5 pour satisfaire à la condition d'égale résistance. Ainsi on adopte le même équarrissage pour un pont d'une seule travée de 3o mètres, et pour un pont de trois travées ayant respectivement : les extrêmes 4o mètres, et celle du milieu 5o mètres d'ouverture.

Mais ces rapports ne sont pas exacts, même en admettant l'encastrement sur les appuis intermédiaires. Si on suppose qu'on rende solidaires trois travées d'abord indépendantes, la résistance de la travée du milieu augmente de 5o p. 1oo, et celle des travées extrêmes ne change pas : seulement leur section de rupture se transporte du milieu sur la pile, leur flèche décroît dans le rapport 2, 4 : 1, et celle de la travée intermédiaire dans le rapport 5 : 1. Quant à la condition d'égale résistance, elle donne :

La longueur de la travée indépendante étant représentée par. 1
Pour celle d'une travée extrême. 1
Et pour celle d'une travée intermédiaire. 1,22 (1)

---

(1) p étant le poids par unité de longueur, a, a', a'' les longueurs respectives des trois travées de même section et d'égale résistance, on a :

Pour une travée indépendante : $p = \dfrac{8\,IR}{V a^2}$, $\quad f = \dfrac{5}{584}\dfrac{p\,a^4}{EI}$;

la progression 3, 4, 5, ne conviendrait pas non plus au cas, sans intérêt d'ailleurs, où toute la charge serait supposée concentrée au milieu de la travée : c'est la série 3, 4, 6 qui exprime alors les longueurs d'égale résistance (1).

Influence de la continuité dans le cas d'une charge uniformément répartie sur toute la poutre.

118. Il est donc nécessaire, pour apprécier exactement l'influence de la continuité, de traiter le solide tout entier.

Soit p une charge uniformément répartie sur tout le pont, rapportée à l'unité de longueur, et comprenant son propre poids et, par exemple, la charge d'épreuve. On trouve facilement pour l'inclinaison C de la tangente sur les piles, a et b désignant respectivement la longueur de la travée intermédiaire et celle des travées extrêmes :

$$C = \frac{1}{24}\, p \,.\, a \times b \,.\, \frac{2a^2 - 3b^2}{3a \times 2b}.$$

Cette valeur est nulle, quel que soit p, et par suite l'encastrement a lieu, pour $a = b \sqrt{1,50} = 1,22b$, c'est-à-dire précisément la valeur qui conduit, — l'encastrement admis, — à l'égalité de résistance des deux travées (118). — Ce rapport réalise donc à la fois, dans

pour une travée extrême : $p = \dfrac{8\,IR}{Va'^2}$, $f = \dfrac{5}{384}\dfrac{p\,a'^4}{EI}$;

pour une travée intermédiaire : $p = \dfrac{12\,IR}{Va''^2}$, $f'' = \dfrac{1}{384}\dfrac{p\,a''^4}{EI}$,

d'où $a' = a$, $a'' = 1,22a'$.

(1) Pour une travée indépendante : $P = \dfrac{4\,IR}{Va}$, $f = \dfrac{1}{48}\dfrac{Pa^3}{EI}$;

pour une travée extrême : $P = \dfrac{16}{3}\dfrac{IR}{Va'}$, $f' = \dfrac{1}{48\sqrt{5}}\dfrac{P\,a'^3}{EI}$;

pour une travée intermédiaire : $P = \dfrac{8\,IR}{Va''}$, $f'' = \dfrac{1}{192}\dfrac{Pa''^3}{EI}$;

d'où $a' = \dfrac{4}{3}a$, $a'' = 2a$, ou $a : a' : a'' :: 3 : 4 : 6$.

— 125 —

le cas d'un poids quelconque uniformément réparti, et l'encastrement sur les appuis intermédiaires, et l'égalité de résistance des portées à égalité de section. C'est donc celui qu'on devrait adopter, s'il s'agissait effectivement d'un solide pour lequel la répartition uniforme des charges serait l'état normal, et on aurait facilement alors la mesure de l'influence de la continuité. S'il y a, par exemple, trois ouvertures, $3l$ étant la longueur du pont, on aurait, pour des travées indépendantes et qui doivent dès lors égales, $p = \dfrac{8\mathrm{IR}}{\mathrm{V}l^2}$. Avec les poutres continues, les longueurs des travées seront respectivement $0,931l$ et $1,22 \times 0,931l = 1,136l$, et on aura pour la travée extrême $p' = \dfrac{8\,\mathrm{IR}}{\mathrm{V}(0,931l)^2} = \dfrac{9,2\,\mathrm{IR}}{\mathrm{V}l^2} = 1,15\,p$, et pour la travée intermédiaire $p'' = \dfrac{12\mathrm{IR}}{\mathrm{V}(1,136l)^2} = p'$, comme cela doit être (1). La continuité augmente donc la charge-limite de plus de $1/7$, à équarrissage égal; elle crée d'ailleurs deux points d'inflexion dans la portée intermédiaire (à une distance $\dfrac{a}{2\sqrt{3}}$ de part et d'autre du milieu) et un autre au milieu de chacune des portées extrêmes; — à charge égale p, elle diminue de $0,15\,pl$ la charge sur chacune des culées et augmente d'autant la réaction des deux piles voisines.

119. Mais ces résultats, qui conviennent à une épreuve de charge uniforme, s'appliquent d'autant moins aux conditions du service, que la masse de la travée est Ces résultats ne s'appliquent pas aux conditions pratiques de la plupart des ponts.

---

(1) Il y a non-seulement égalité de résistance, mais aussi coïncidence des sections de rupture; dans chacune des travées contiguës, la section de rupture est placée sur l'appui intermédiaire, et commune, dès lors, à l'une et à l'autre.

 moins considérable relativement aux charges qui se déplacent sur elle.

Il faut alors supposer les diverses travées chargées non simultanément, mais successivement ; la discussion devient alors plus compliquée ; aussi les constructeurs s'en dispensent-ils le plus souvent.

Ils se contentent presque toujours de trois méthodes fort imparfaites : une d'elles consiste à calculer les équarrissages des travées, égales ou inégales d'ailleurs, comme si elles devaient être indépendantes ; et à leur donner, par l'établissement de la solidarité, un surcroît de résistance, qui n'est, du reste, ni constant ni même toujours réel (117) ; une autre consiste à supposer que la continuité réalise l'encastrement sur les piles, et à calculer, en partant de là, soit les longueurs avec équarrissage constant, soit les équarrissages avec longueur constante, auxquels correspond l'égalité de résistance.

 Dans la troisième on considère le solide tout entier (ou sa moitié puisqu'il est presque toujours formé de deux parties symétriques), mais en le supposant chargé uniformément. C'est ainsi, par exemple, que M. Hodgkinson a calculé le pont Britannia.

La continuité ne paraît pas pouvoir être mise en question quand les travées ont une grande ouverture, et par suite une très-grande masse. Mais même alors les charges qui occupent successivement chaque travée sont, sur les chemins de fer surtout, bien trop loin d'être négligeables relativement à cette masse, pour qu'on puisse admettre que l'encastrement, réalisé pour le cas d'une charge uniforme par le rapport 1,22 : 1, subsiste quand une travée est chargée et l'autre non. C'est tout au plus si cette hypothèse d'une répartition uniforme est admissible, en pratique, pour des masses colossales comme celles des tubes du pont Britannia, et elle est tout à fait inacceptable dans les cas ordinaires. Il est donc nécessaire alors de poser les équations d'équilibre de chaque travée, considérée successivement dans les divers états par lesquels elle passe lorsque la charge maximum se déplace sur le pont (1).

120. Mais si les ouvertures sont médiocres, il ne reste que très-peu de chose des avantages attachés à l'encastrement, et non-seulement alors les équarrissages peu- ^{Il peut être préférable d'y renoncer pour les ouvertures médiocres.}

---

(1) On doit à M. Clapeyron une méthode simple et exacte pour la détermination des équarrissages d'un solide placé dans des conditions quelconques de répartition des appuis, et d'application de la charge; celle-ci est seulement supposée toujours répartie également sur toute la longueur d'une travée.

Supposant une des travées chargée et les autres libres, M. Clapeyron obtient pour chacune d'elles une équation dont les variables sont le moment $\left(\dfrac{EI}{\rho}\right)$, relativement à l'axe neutre, des forces moléculaires développées dans une section quelconque, et la distance qui fixe la position de cette section. Le calcul d'un certain nombre de valeurs du moment permet de tracer une courbe qui représente, pour ainsi dire, l'état de tension moléculaire dans toute l'étendue du solide, sous l'action de la charge admise. — Cette courbe donne donc le moment maximum, et la position de la section correspondante.

En opérant successivement de cette manière pour chacune des travées, considérée comme soumise seule à la charge, et traçant la courbe-enveloppe de toutes les courbes particulières obtenues ainsi, on a, pour chaque section, l'expression du moment des forces moléculaires qui doivent pouvoir s'y développer sans que la limite des efforts pratiques soit dépassée. L'équarrissage de cette section s'en déduit facilement, après avoir pris à volonté les éléments que l'indétermination du problème laisse arbitraires.

C'est par cette méthode, dans laquelle l'analyse est heureusement combinée avec une interpolation graphique, que M. Clapeyron a calculé les équarrissages des ponts d'Asnières et de Langon (99). Elle a été publiée par aperçu à la suite d'un travail de M. Brame, ingénieur des ponts et chaussées, intitulé : *Note sur l'application de la tôle à la construction de quelques ponts.* Il est à désirer qu'elle soit l'objet d'une publication plus complète, pouvant servir de guide aux constructeurs, qui ne manqueront pas d'en apprécier l'utilité et d'en faire l'application.

vent être calculés comme si les travées devaient être indépendantes, mais encore il peut être préférable de renoncer effectivement à la solidarité pour éviter la complication des effets qu'elle entraîne, le changement du sens des efforts développés dans les plates-bandes de part et d'autre des points d'inflexion qui se déplacent, et la propagation des efforts d'une travée à l'autre, propagation favorisée par la mobilité de la poutre continue sur ses appuis. On peut d'ailleurs, dans tous les cas, réaliser l'encastrement par un ancrage dans la maçonnerie des piles et culées. Appliqué à une extrémité seulement, cet expédient n'améliorerait pas la situation de la poutre (117) : il faut donc pour les grandes ouvertures, le combiner, à un bout, avec la faculté de glissement de la poutre sur ses plaques d'assise; c'est ce qu'on a fait au pont d'Offenbourg (Pl. V, *fig.* 2). Un tirant t profondément amarré dans la maçonnerie est lié par une double chape, à clavettes inférieures et à goupilles supérieures, à une barre rivée sur le poteau vertical qui complète l'encadrement de la poutre. Une petite cheminée cc laisse à celle-ci le jeu nécessaire, et permet d'atteindre les clavettes pour régler le serrage : les portées étant très-longues relativement à l'amplitude du jeu, l'encastrement subsiste au même degré, quelles que soient les variations de température.

Encastrement au moyen de l'ancrage dans les culées.

4° Mode de construction du corps de la poutre.

4ᵉ question.

121. Reste la question, déjà examinée plus haut (84, 101), de valeur relative de la nervure pleine, et du treillis ; le choix à faire entre ces deux modes paraît devoir être déterminé plutôt par des circonstances particulières à chaque cas que par des considérations générales.

Équarrissage des pièces du treillis.

En réalité, on peut et on doit tenir compte des deux solutions également acceptables. Aussi paraît-il nécessaire d'examiner le mode de détermination des équarrissages du treillis. Les formules, dont l'usage est maintenant généralement répandu, suffisent pour calculer l'équarrissage d'une poutre double T à corps plein, dès qu'elle est convenablement contre-ventée. Mais, pour les poutres en treillis, on se contente d'un mode de calcul qui, s'il a le mérite d'une grande simplicité, ne constitue pas même une grossière approximation. On suppose que le treillis rend les plates-bandes parfaitement solidaires : quant aux conditions qu'il doit remplir pour cela, — aux équarrissages de ses éléments, — on ne s'en préoccupe pas, ou du moins on laisse à une vague imitation le soin d'y pourvoir tant bien que mal. On calcule donc simplement les plates-bandes d'après les règles connues, réduites à leur plus simple expression, par suite de la répartition uniforme des efforts due à la petitesse de l'épaisseur des plates-bandes relativement à la hauteur du solide.

Ces équarrissages peuvent cependant être déterminés par les considérations les plus élémentaires. Pour les systèmes de ce genre, dont les éléments ont à résister seulement à des efforts longitudinaux, l'application des règles de la statique est plus simple et aussi exacte que la considération des solides élastiques.

122. Quelle que soit la disposition du remplissage intercalé entre les deux plates-bandes, il doit satisfaire à deux conditions distinctes :

1° Établir entre les deux plates-bandes une liaison telle qu'elles ne puissent fléchir isolément ; qu'une section, plane et normale à l'axe dans le système libre, soit encore plane et normale à l'axe dans le solide fléchi ;

2° Soustraire les plates-bandes à la mise en jeu de la résistance transverse, de telle sorte qu'il s'y développe uniquement des efforts longitudinaux. La plate-bande supérieure peut alors être regardée comme formée de tronçons simplement juxtaposés bout à bout, et l'inférieure, de tronçons articulés.

Cette seconde condition exclut l'emploi de simples poteaux verticaux, lors même qu'ils satisferaient à la première. Elle exige que le remplissage forme *un réseau continu*. Soit donc (Pl. V, *fig.* 9) un tel réseau composé de deux systèmes de barres, inclinées respectivement des angles α et θ sur les plates-bandes.

1° *Solide posé sur deux appuis et chargé au milieu.*

Charge appliquée au milieu. 123. Tout étant alors symétrique de part et d'autre du milieu, le réseau doit l'être également.

La réaction $\dfrac{P}{2}$ de l'appui se décompose entre la plate-bande Ac et la contre-fiche Ab, et donne : suivant la première, une *tension* $\dfrac{P}{2\,\tan g\,\alpha}$; suivant la seconde, une *compression* $\dfrac{P}{2\sin\alpha}$.

Cette force se décompose, en b, entre la plate-bande supérieure et le tirant cb, et donne : suivant la première, une *compression* $\dfrac{P}{2\sin\alpha}\dfrac{\sin(\alpha+\theta)}{\sin\theta} = \dfrac{P}{2}\left(\dfrac{1}{\tan g\,\alpha} + \dfrac{1}{\tan g\,\theta}\right)$, et, suivant le second, une *tension* $\dfrac{P}{2\sin\theta}$.

Celle-ci donne de même, en c, suivant la plate-bande inférieure, une *tension* $\dfrac{P}{2\sin\theta}\dfrac{\sin(\alpha+\theta)}{\sin\alpha} = \dfrac{P}{2}\left(\dfrac{1}{\tan g\,\alpha} + \dfrac{1}{\tan g\,\theta}\right)$, et suivant la contre-fiche cd, une *compression* $\dfrac{P}{2\sin\alpha}$, et ainsi de suite.

Contre-fiches. Ainsi : 1° les pièces symétriquement placées de part et d'autre du milieu, qui convergent deux à deux vers le haut, ou *contre-fiches*, sont toutes comprimées et soumises à un effort $\dfrac{P}{2\sin\alpha}$;

Tirants. 2° Les pièces qui convergent deux à deux vers le bas, ou *tirants*, sont tendues et soumises à un effort $\dfrac{P}{2\sin\theta}$;

Plate-bande inférieure. 3° La plate-bande inférieure a une tension croissante de l'extrémité au milieu ; les forces successives s'ajoutent, en négligeant la très-faible courbure du solide, et on a pour la tension en un point quelconque :

$$\frac{P}{2\tang\alpha} + \frac{NP}{2}\left(\frac{1}{\tang\alpha} + \frac{1}{\tang\theta}\right) = \frac{P}{2}\left(\frac{N+1}{\tang\alpha} + \frac{N}{\tang\theta}\right) = T \quad (a)$$

N désignant le nombre, diminue de 1, des *contre-fiches* comprises entre l'extrémité du solide et la section considérée.

4° La plate-bande supérieure a de même une compression croissante de l'extrémité au milieu, et exprimée par $\frac{NP}{2}\left(\frac{1}{\tang\alpha} + \frac{1}{\tang\theta}\right)$ augmenté de $\frac{P}{2\tang\alpha}$; car la compression $\frac{P}{2\sin\alpha}$ de la dernière contre-fiche MK se décompose, au point M, en $\frac{P}{2\tang\alpha}$ suivant la plate-bande, et $\frac{P}{2}$ suivant la verticale. Cette force, et sa symétrique de l'autre côté de MN, font équilibre à la charge P.

Plate-bande supérieure.

124. δ désignant l'intervalle de deux sommets, l la demi-longueur du solide, e sa hauteur, on a :

$$\delta = e\left(\frac{1}{\tang\alpha} + \frac{1}{\tang\theta}\right), \quad l = N\delta + \frac{e}{\tang\alpha} = e\left(\frac{N+1}{\tang\alpha} + \frac{N}{\tang\theta}\right),$$

d'où
$$\frac{N+1}{\tang\alpha} + \frac{N}{\tang\theta} = \frac{l}{e}.$$

Et substituant dans (a), $T = \frac{pl^2}{2e}$, valeur qu'on obtient immédiatement en exprimant l'équilibre du solide AMN, considéré comme un levier coudé évidé, et dans lequel la solidarité des parties supérieure et inférieure serait supposée obtenue par un moyen quelconque.

2° *Poids uniformément réparti.*

125. Le poids uniformément réparti p peut être remplacé par : $p\delta$ sur chaque sommet intermédiaire, et $\frac{p\delta}{2} + \frac{pe}{2\tang\alpha}$ sur chacun des sommets extrêmes.

Charge uniformément répartie. (Pl. V, fig 10.)

La contre-fiche du milieu, Mb, a pour compression : $\frac{p\delta}{2\sin\alpha}$.

Cette compression se décompose en b entre la plate-bande et le tirant, et donne suivant celui-ci $\dfrac{p\delta}{2\sin 6}$.

Cette force se décompose en c entre la plate-bande supérieure et la contre-fiche cd, et donne suivant celle ci : $\dfrac{p\delta}{2\sin\alpha}$.

Le poids appliqué au milieu donne donc respectivement sur toutes les contre-fiches et sur tous les tirants : $\dfrac{p\delta}{2\sin\alpha}$, $\dfrac{p\delta}{2\sin 6}$.

Le deuxième poids $p\delta$ appliqué en c se décompose entre la contre-fiche cd et la plate-bande cM, et donne : sur cd et sur toutes les contre fiches suivantes, jusqu'à l'extrémité A, $\dfrac{p\delta}{\sin\alpha}$; sur ed et sur tous les tirants suivants, $\dfrac{p\delta}{\sin 6}$.

Le troisième poids de même, et ainsi de suite.

Contre-fiches. La première contre-fiche a donc pour compression : $\dfrac{p\delta}{2\sin\alpha}$;

La deuxième. . . . . $\dfrac{3}{2}\dfrac{p\delta}{\sin\alpha}$;

La troisième. . . . . $\dfrac{5}{2}\dfrac{p\delta}{\sin\alpha}$;

. . . .

La $(n-1)^e$. . . . . $\dfrac{2n-3}{2}\dfrac{p\delta}{\sin\alpha}$;

La n^e (la dernière), celle de la $(n-1)^e$ augmentée de :

$\dfrac{p}{2\sin\alpha}\left(\delta+\dfrac{e}{\tang\alpha}\right)$, c'est à-dire : $\dfrac{p}{2\sin\alpha}\left[(2n-3)\delta+\delta+\dfrac{e}{\tang\alpha}\right]$

$$=\dfrac{p(n-1)\delta}{\sin\alpha}+\dfrac{pe}{2\sin\alpha\,\tang\alpha}=\tau.$$

Plates-bandes. La tension en chaque point de la plate-bande inférieure est égale à la somme des poussées des contre-fiches comprises entre l'extrémité et ce point. On a ainsi successivement :

Poussée de 1 $\dfrac{p\delta}{2\sin\alpha}\dfrac{\sin(\alpha+6)}{\sin\alpha}=\dfrac{p\delta}{2}\left(\dfrac{1}{\tang\alpha}+\dfrac{1}{\tang 6}\right)$;

Poussée de 2 $\dfrac{3}{2}p\delta\left(\dfrac{1}{\tang\alpha}+\dfrac{1}{\tang 6}\right)$;

Poussée de 3 $\dfrac{5}{2}p\delta\left(\dfrac{1}{\tang\alpha}+\dfrac{1}{\tang 6}\right)$;

. . . .

Poussée de la $(n-1)^e$ (avant-dernière) :

$$\left(\frac{2n-3}{2}\right) p\delta \left(\frac{1}{\tang \alpha} + \frac{1}{\tang \epsilon}\right);$$

Poussée de la n^e :

$$\tau \cos \alpha = \frac{p}{2 \tang \alpha}\left[(2n-2)\delta + \frac{e}{\tang \alpha}\right]. \quad (1).$$

On a donc pour la tension maximum, ou au milieu de la plate-bande :

$$\theta = \frac{p\delta}{2}\left(\frac{1}{\tang \alpha} + \frac{1}{\tang \epsilon}\right)(1+5+3+\ldots+2n-3) +$$

$$+ \frac{p}{2 \tang \alpha}\left[(2n-2)\delta + \frac{e}{\tang \alpha}\right] =$$

$$\frac{p\delta}{2}\left(\frac{1}{\tang \alpha} + \frac{1}{\tang \epsilon}\right)(n-1)^2 + \frac{p}{2 \tang \alpha}\left[(2n-2)\delta + \frac{e}{\tang \alpha}\right],$$

ou comme

$$\delta = e\left(\frac{1}{\tang \alpha} + \frac{1}{\tang \epsilon}\right),$$

$$\theta = \frac{pe}{2}\left(\frac{1}{\tang \alpha} + \frac{1}{\tang \epsilon}\right)^2 (n-1)^2 + \frac{pe}{\tang \alpha}(n-1)\left(\frac{1}{\tang \alpha} + \frac{1}{\tang \epsilon}\right) + \frac{pe}{2 \tang^2 \alpha}$$

$$= \frac{pe}{2}\left[\left(\frac{1}{\tang \alpha} + \frac{1}{\tang \epsilon}\right)^2 (n-1)^2 + \frac{2(n-1)}{\tang \alpha}\left(\frac{1}{\tang \alpha} + \frac{1}{\tang \epsilon}\right) + \frac{1}{\tang^2 \alpha}\right].$$

Or on a, l étant la $\frac{1}{2}$ longueur de la poutre :

$$l = (n-1)\delta + \frac{e}{\tang \alpha} = \left(\frac{1}{\tang \alpha} + \frac{1}{\tang \epsilon}\right)e(n-1) + \frac{e}{\tang \alpha},$$

l'expression comprise entre les crochets est donc égale à $\dfrac{l^2}{e^2}$,

d'où : $\theta = \dfrac{pl^2}{2e}$, quels que soient α et ϵ : valeur qu'on obtient

de suite directement, comme ci-dessus (124), quand on admet
la solidarité, abstraction faite des moyens employés pour cela,
et des efforts éprouvés par les pièces qui la réalisent.

---

(1) La composante verticale est :

$$\tau \sin \alpha = \frac{p}{2}\left((2n-2)\delta + \frac{e}{\tang \alpha}\right) = p\left[(n-1)d + \frac{e}{2 \tang \alpha}\right],$$

expression qui, augmentée de $\dfrac{pe}{2 \tang \alpha}$, force appliquée directe-

tement sur le poteau AH, donne pour la réaction de l'appui :

$$p\left[(n-1)\delta + \frac{e}{2 \tang \alpha}\right] = pl, \text{ comme cela doit être.}$$

126. Si la longueur des contre-fiches est trop grande, on partagera (64) les intervalles des sommets en 2, 3... parties égales, et les points de division deviendront les sommets d'un réseau identique au premier, et le croisant; la charge de chaque sommet sera alors $\frac{p\delta}{2}$, $\frac{p\delta}{3}$ etc., au lieu de $p\delta$, et les équarrissages seront réduits dans le même rapport. La section des pièces du treillis devra d'ailleurs décroître des extrémités au milieu, et celle des plates-bandes, du milieu aux extrémités.

Il est évident que la liaison opérée aux points de croisement des contre-fiches et des tirants modifie les conditions précédentes. Le réseau devient alors capable de résister par lui-même, dans certaines limites, sans le concours des plates-bandes. Il fonctionne, en un mot, comme une nervure pleine. Mais il convient de faire abstraction dans les calculs du surcroît de résistance dû à cette liaison, dont l'effet échappe d'ailleurs à une évaluation simple et exacte.

3° *Poids appliqué en un point quelconque.*

127. Le réseau doit être formé en conséquence, c'est-à-dire que ses éléments doivent avoir des dispositions inverses de part et d'autre du point d'application de la charge, de même qu'ils étaient, dans les deux cas précédents, symétriques de part et d'autre du milieu. Autrement les pièces homologues, comprimées d'un côté de la charge, seraient tendues de l'autre, et réciproquement.

Cette condition remplie, il suffit, m et n étant les distances du point d'application de la charge aux appuis, de remplacer (123) leur réaction $\frac{P}{2}$ par $\frac{Pn}{m+n}$ pour les parties constituantes du segment m, et par $\frac{Pm}{m+n}$ pour celles du segment n. Les efforts respectifs sont alors :

	Segment m.	Segment n.
Contre-fiches.	$\dfrac{Pn}{m+n}\cdot\dfrac{1}{\sin\alpha}$	$\dfrac{Pm}{m+n}\cdot\dfrac{1}{\sin\alpha}$;
Tirants.	$\dfrac{Pn}{m+n}\cdot\dfrac{1}{\sin\theta}$	$\dfrac{Pm}{m+n}\cdot\dfrac{1}{\sin\theta}$;
Plates-bandes (effort maximum au point d'application)	$\dfrac{Pnm}{(m+n)^2}$	$\dfrac{Pmn}{(m+n)^2}$.

$4°$ *Charge mobile.*

128. Un réseau formé de contre-fiches et de tirants ne peut
convenir à ce cas, puisque la condition indiquée tout à l'heure
(127) doit être remplie alors successivement pour tous les sommets. Il faut donc qu'à chacun d'eux aboutissent deux pièces
capables de remplir les deux fonctions, de résister également
par extension et par compression ; il est naturel, d'ailleurs, de
leur donner des inclinaisons supplémentaires. Les équarrissages
se déterminent alors en donnant à m et n, dans les expres-
sions ci-dessus (127), les valeurs qui fixent la position de chacun des sommets.

Il est nécessaire, d'ailleurs, pour une charge uniformément
répartie et surtout pour une charge mobile, de placer au droit
de chaque appui des poteaux verticaux capables de la supporter, si le tablier est posé sur le haut des poutres.

129. On placera le système comprimé dans les conditions les
plus favorables en faisant $\alpha = 90°$, puisqu'on réduira ainsi au
minimum et l'effort de compression , et la longueur de la pièce
qui le subit (*fig.* 11). Quant aux tirants, dont l'équarrissage est
indépendant de la longueur, et simplement proportionnel à
l'effort, il n'y a pas d'inconvénient à donner à θ une petite valeur. Mais cette inclinaison est limitée en moins et la longueur
en plus par la nécessité de ne pas diviser la plate-bande supérieure en tronçons trop longs, non entretoisés, et qui auraient
par suite une grande tendance à fléchir isolément surtout dans
la région moyenne de la poutre.

Cette tendance est, du reste, combattue très-efficacement
par la disposition en treillis indiquée (126) et la réduction qui
résulte pour la longueur des tronçons.

Si l'on fait $\theta = 90°$, on a le système (*fig.* 12) dont la disposition de Howe (63) dérive immédiatement, en ajoutant à chaque
sommet la seconde contre-fiche qu'exige une charge mobile.

Il est clair que le mode de décomposition qui s'opère entre les pièces qui concourent à chacun des sommets d'un tel système est indéterminé. La compression des contre-fiches additionnelles peut même être nulle, dans le cas d'un poids appliqué au milieu ou d'un poids uniformément réparti (et en général quand le mode d'application des charges est symétrique de part et d'autre du milieu), puisque l'équilibre s'établirait quand même ces contre-fiches n'existeraient pas.

L'indétermination subsiste, seulement entre des limites moins larges, pour les autres circonstances de l'application de la charge, par exemple pour une charge mobile.

On doit donc, pour la détermination des équarrissages, attribuer aux contre-fiches additionnelles, c'est-à-dire celles qui convergent deux à deux vers le haut, le maximum de la charge variable.

C'est également dans cette hypothèse que doit être calculé l'équarrissage du premier système de contre-fiches, car c'est à elle aussi que correspond le maximum de compression de ces pièces. On reconnaît facilement en effet (*voir* l'appendice) que la compression éprouvée par la branche additionnelle de chaque croix de Saint-André augmente d'une quantité égale la compression éprouvée par l'autre branche, de sorte que l'excès de la première force sur la seconde est constant, quel que soit le mode de décomposition qui s'opère au sommet. Dans le cas, par exemple, d'un poids P appliqué au milieu, il est toujours égal à $\dfrac{P}{2 \sin \alpha}$.

On reconnaît facilement aussi :

1° Que les contre-fiches additionnelles ne modifient en rien l'intensité des efforts auxquels les plates-bandes sont soumises en chaque point (toujours, bien entendu, en faisant abstraction de la liaison opérée directement entre les contre-fiches à leurs points d'intersection).

2° Que ces efforts résultent de l'inégalité des poussées, de sens contraires, exercées sur chaque plate-bande par les deux branches inégalement comprimées de chaque croix de Saint-André, — poussées dont la différence est constante, d'après ce qui vient d'être dit, — malgré l'indétermination de leurs intensités particulières. Ainsi, dans le cas d'un poids appliqué au milieu, la poussée effective exercée par chaque croix sur chacune des plates-bandes, est : $\dfrac{P}{2 \tan g\, \alpha}$, ce qui donne pour la somme de ces poussées, ou, pour l'effort de la plate-bande au milieu, $\theta = \dfrac{NP}{2 \tan g\, \alpha}$, et à cause de tang $\alpha = \dfrac{Ne}{l}$, $\theta = \dfrac{Pl}{2e}$.

Dans les cas de $\alpha = 90°$ (*fig.* 11), l'addition d'un second tirant dans chaque compartiment donne, en quelque sorte, l'inverse de la disposition de Howe. Les pièces verticales travaillent alors par compression, et les pièces obliques par extension. C'est à ce type qu'appartient le pont de Windsor cité page 116 (note). Les poutres sont formées (Pl. IV, *fig.* 21) d'un arc et d'une corde liés par des poteaux en fer et par un double système de tringles suivant les diagonales ; la disposition circulaire des poutres doit d'ailleurs être regardée comme n'ayant ici d'autre effet, sinon d'autre but, que de réaliser à très-peu près la forme théorique d'égale résistance. Elle n'est praticable, du reste, que quand le tablier est posé sur la base des poutres.

Disposition inverse de celle de Howe.

Pont de Windsor.

130. La durée des ponts en tôle est probablement subordonnée à la découverte d'un bon enduit. On sait aujourd'hui que la peinture au minium, généralement employée, n'empêche pas la formation de la rouille ; d'ailleurs l'enduit, quel qu'il soit, est peu efficace s'il n'est appliqué sur des surfaces bien décapées.

Peinture des ponts en tôle.

On a adopté en Hanovre la composition appliquée au pont de Britannia, pour lequel on s'est beaucoup préoccupé de cet important accessoire. C'est une peinture à l'huile de lin et au blanc de plomb à laquelle on ajoute une petite quantité d'essence de térébenthine. Les surfaces sont grattées et brossées jusqu'à ce qu'il n'y reste plus la moindre trace de rouille. On applique quatre couches, et on saupoudre la dernière de sable très-fin et parfaitement sec.

On suppose que cette peinture durera cinq ans ; son renouvellement devra être alors précédé d'un grattage assez dispendieux.

On a jugé que le blanc de zinc n'avait pas subi encore des épreuves assez prolongées, pour qu'il fût prudent de le substituer au blanc de plomb.

§ IV. — PONTS PROJETÉS.

Ponts projetés. 131. Par suite de l'extension du réseau, de la nécessité de rattacher ses différentes parties et de multiplier ses points de jonction avec les lignes des États limitrophes, on se trouve plus que jamais , dans quelques parties de l'Allemagne, en présence de la difficulté que les Américains ont tant de fois vaincue sur une échelle gigantesque, — mais à leur manière : la traversée des grands fleuves.

C'est surtout dans les possessions autrichiennes que la question est pressante et épineuse : les considérations plutôt politiques que commerciales qui réclament l'exécution de ces grands travaux, et la situation financière de l'empire, font de l'économie une condition de rigueur ; aussi en est-on encore, pour plusieurs ponts, à discuter les principes les plus divers , ceux mêmes dont le succès est le plus problématique. Il s'agit de refaire, en Autriche , le pont du grand Danube à Vienne , et en Hongrie-ceux de la Waag et de la Grane, et d'en construire de nouveaux sur la Waag , l'Eipell, la Theiss , etc.

Pont sur la Grane
et sur l'Eipell. 132. Il n'y a jusqu'à présent de projets arrêtés que pour les ponts de la Grane et de l'Eipell, dont les fondations ne présenteront pas de grandes difficultés : ils seront en tôle, et suivant le type adopté en Hanovre ; on donnera seulement aux plates-bandes une largeur proportionnellement plus grande pour augmenter la roideur latérale ; il y aura trois travées : celle du milieu aura $62^m,70$ et les extrêmes $47^m,50$ d'ouverture.

Pont
sur la Waag. Rien n'est encore résolu pour la reconstruction, moins urgente d'ailleurs, du pont de la Waag, qui a 475 mètres de largeur. Cette rivière est, comme le Danube et ses affluents, sujette à d'énormes variations de niveau. En 1853, année exceptionnelle il est vrai, les eaux se sont élevées, du mois de mars au mois de mai, de 8^m,22 ; le fond, très-mobile, se déplace très-rapidement sous l'influence de ces énormes crues, et déjoue souvent toutes les précautions prises contre les affouillements.

133. Beaucoup d'ingénieurs se préoccupent, en Autriche, d'appliquer à ces difficiles travaux le principe de la suspension, en cherchant à combattre la flexibilité qui en est la conséquence : mais aucune conception nouvelle n'a surgi de ces recherches : on n'a indiqué que des expédients déjà proposés et rejetés dans d'autres circonstances, et qui laissent subsister dans toute leur force les objections développées dans la remarquable discussion qui a abouti à la construction du pont Britannia.

Projet d'application des ponts suspendus aux chemins de fer.

Il ne s'agit pas sans doute d'une impossibilité absolue : l'application des ponts suspendus aux chemins de fer a d'ailleurs pour elle une autorité à laquelle on ne peut contester une certaine valeur, celle des ingénieurs des États-Unis. Il paraît qu'ils s'accordent généralement aujourd'hui à regarder cette application comme très-praticable, et même comme très-prochaine. Les ponts déjà existants, dont le tablier recevrait des rails sans autre forme de procès, ne seraient pas franchis par les locomotives ; la traction y serait faite par des chevaux. On compte que le pont de Wheeling, sur l'Ohio, sera prochainement utilisé ainsi, pour le prolongement du chemin de fer vers l'Ouest. Ce pont, formé d'une seule travée de 292 mètres d'ouverture, présente une particularité qui le rendrait de toute manière à peu près impraticable aux locomotives : il est en rampe de 0,04.

État de cette question aux États-Unis.

Ponts franchis seulement par les wagons.

Ponts suspendus
destinés à livrer
passage aux loco-
motives.

Mais plusieurs ponts suspendus, nouvellement con-struits, l'ont été dans la prévision qu'ils livreront passage aux locomotives. Un des ingénieurs qui marchent le plus résolûment dans cette voie hardie, M. Ellet, regarde d'ailleurs comme chimérique la conception d'une poutre posée aux deux bouts, et d'un appareil de suspension, se complétant l'un par l'autre; on ne peut, d'après lui, songer à fonder la résistance du système sur la combinaison de deux principes incompatibles, et il faut opter entre eux; mais il pense que tout en laissant les câbles supporter toute la charge, on peut donner au tablier le degré de rigidité qu'exigent les chemins de fer. Cependant, en admettant qu'on puisse atténuer ainsi à un degré suffisant les déformations dues à la flexibilité des câbles, le tablier reste toujours assujetti à suivre toutes les variations de flèches correspondantes aux changements de température. Il en est de même, il est vrai, dans les ponts sur arcs en métal; mais la raison d'être des ponts suspendus consiste dans les grandes ouvertures qu'ils admettent, et par suite l'abaissement et le relèvement du tablier acquièrent, au milieu, une amplitude très-grande.

Quoi qu'il en soit, il est question de faire passer un chemin de fer sur deux ponts suspendus de 300 mètres d'ouverture situés sur le Niagara: l'un près de Lewiston, l'autre près de Queenston.

Le même ingénieur, M. Ellet, avait fait le projet d'un autre pont en aval de la cataracte, et qui devait être construit dans la prévision du passage d'un chemin de fer; mais on commença par établir une passerelle suspendue pour le service des travaux; et les actionnaires trouvant qu'elle suffisait aux besoins actuels de la circulation, jugèrent à propos d'ajourner la construction d'un pont définitif jusqu'à l'époque où la question du tracé du chemin de fer serait résolue (1).

Ces exemples ont engagé les ingénieurs autrichiens à étudier le projet d'une travée suspendue de 152 mètres sur la Theiss. Voici les points essentiels de ce projet : 1° flèche très-faible (inclinaison de la tangente au sommet des piliers 8°); 2° garde-corps formé d'une poutre creuse en tôle de 1^m,38 de haut, superposée à des poutrelles en tôle double T; 3° câbles-amarres sous le tablier. On pense qu'un tablier ainsi constitué posséderait la roideur nécessaire, tout en se prêtant aux variations de flèche des câbles.

La reconstruction du pont du chemin de fer du Nord et celle du pont de la route ordinaire, à Vienne, ont été étudiées collectivement et comprises dans un même projet. Le pont serait double; il y aurait deux tabliers superposés affectés l'un au chemin de fer, l'autre à la route, supportés par deux étages de câbles, et entretoisés entre eux. Le fleuve serait d'ailleurs franchi au moyen d'une grande travée de 190 mètres, et de deux demi-travées. On fait valoir en faveur de cette combinaison la grandeur de la masse du pont, qui serait de beaucoup supérieure à celle d'un train. Mais c'est là une considération peu importante. La masse relativement faible des ponts suspendus est pour quelque chose dans leurs mouvements, sans doute, mais elle n'est pas la cause principale; et il ne suffirait pas pour les empêcher de se déformer, de leur donner une grande masse.

(1) M. Stephenson a dû arrêter récemment le projet d'un pont à construire à Montréal (Bas-Canada), sur le Saint-Laurent, qui a 6.400 mètres de large. Les détails de cet immense projet seront sans doute bientôt connus.

Peu de valeur
de ces
combinaisons.

Ces combinaisons ne peuvent inspirer qu'une médiocre confiance. D'une part, c'est une solution économique qu'on cherche, et l'exemple du pont suspendu de Pesth prouve que le principe de la suspension n'est pas toujours aussi économique qu'on l'avait supposé. Il ne faut pas, d'un autre côté, s'exposer légèrement à placer sur une ligne importante un ouvrage qui pourrait, en définitive, devenir fort cher par son entretien onéreux et sa courte durée, sans compter les assujettissements imposés au service par les ralentissements, peut-être l'interdiction du passage du pont aux locomotives, etc. Il est très-probable que l'expérience qui est ou va être tentée en Amérique, réussira; mais en pareille matière, les conditions du succès sont loin d'être les mêmes, en Amérique et en Europe. L'introduction en Europe de ces expédients provisoires qu'admettent, qu'exigent même les développements d'un pays neuf, serait loin d'être un progrès. On réussira donc en Amérique, parce qu'on ne demande qu'une chose : que le service se fasse tant bien que mal; et qu'on se préoccupe médiocrement des garanties d'ordre et de sécurité qui sont pour nous une nécessité impérieuse.

Application de
la suspension aux
ponts-canaux.

Il y a longtemps que la suspension est appliquée, aux États-Unis, aux ponts-canaux, auxquels elle convient, en effet, parfaitement à cause de la répartition uniforme et de l'invariabilité de la charge, invariabilité qui n'est évidemment modifiée en rien par le passage des bateaux : le pont-canal suspendu de Pittsbourg suffit ainsi, depuis plusieurs années, à une navigation fort active. On a facilement une bâche étanche par suite de l'immobilité absolue du système, immobilité qui ôte aux exemples de ce genre toute valeur au point de vue de l'application aux chemins de fer.

134. L'établissement de ponts suspendus parfaitement rigides n'a, je le répète, rien d'absolument impossible en lui-même. Si on conçoit un pont sur arcs retourné, rien ne sera changé que le sens des efforts, et la rigidité subsistera; mais ce ne sera pas un pont suspendu, ce sera un système qui, comme le pont fixe dans sa position primitive, n'admettra que des ouvertures très-restreintes, et sera dans des conditions bien plus défavorables. Si on voulait, dans les ponts suspendus d'une grande ouverture, remplir tout l'intervalle compris entre les câbles et le tablier par un réseau parfaitement rigide, fonctionnant sauf le sens des efforts, comme les tympans des ponts sur arcs, la dépense qu'ils entraîneraient, et par eux-mêmes et par suite de l'influence de leur poids sur l'établissement des câbles et des massifs d'amarrage, serait énorme. Quelle que soit d'ailleurs l'ouverture, des arcs concaves, travaillant par extension et exigeant de dispendieux travaux pour leurs piliers, l'assemblage de leurs éléments, leur amarrage, ne peuvent pas soutenir la comparaison avec les arcs convexes comprimés.

Tout ce qu'on peut faire, sans rêver pour les ponts suspendus des améliorations qui faussent leur principe et les rendent impraticables, c'est d'atténuer leur flexibilité, leur tendance à changer de forme : d'une part, en donnant au tablier la plus grande roideur compatible avec la nature de ses supports et la légèreté nécessaire de sa structure; de l'autre, en agissant sur les câbles eux-mêmes. Les chaînes sont sous ce rapport plus traitables que les câbles en fil de fer. En rendant solidaires, par des entretoises convenablement disposées, les deux nappes superposées qui constituent très-souvent le support de chaque tête, on forme une sorte de voûte renversée évidée, dans laquelle le jeu des articulations et la flexion des arcs sont fort atténués.

Disposition de ce genre au nouveau pont sur le Neckar, à Manheim.
(Pl. V, *fig.* 15.)

135. On remarque un exemple de cette disposition dans le nouveau pont construit sur le Neckar, à Manheim. Les articulations d'une nappe correspondent naturellement au milieu des côtés de l'autre. Ces sommets sont réunis, de chaque côté, par des barres de fer *f, f*, enfilées sur les extrémités des goujons d'assemblage, et formant ainsi, avec les barres extrêmes de chaque nappe, un double réseau triangulaire. Ce mode de liaison est certainement pour beaucoup dans la rigidité que possède ce pont, et, à coup sûr, bien préférable à un expédient souvent usité pour atteindre ce but, c'est-à-dire l'exagération de la masse du tablier ou des câbles eux-mêmes.

Viaduc de la Sitter.

136. La question dont on se préoccupe en Autriche, et qui y sera très-probablement résolue négativement, vient d'être tranchée dans ce sens pour un grand travail que je citerai, quoiqu'il n'appartienne pas à l'Allemagne : c'est le viaduc de la Sitter, sur le chemin de Saint-Gall à Wyl (Suisse). Cette petite ligne coupe trois vallées profondes : celles de la Sitter, de la Glatt et de la Thur. Elle traverse la première sur 160 mètres de largeur et à une hauteur maximum de 60 mètres. A la suite d'une discussion approfondie des diverses solutions proposées, M. Etzel, ingénieur bavarois, chargé de la direction des travaux, a été conduit à exclure les ponts suspendus non comme absolument inadmissibles, mais comme soumis, sous les chemins de fer, à des causes de destruction qu'il paraît impossible de combattre. Les travaux de maçonnerie ont été également repoussés à cause de leur prix et du temps qu'eût exigé leur construction. Le système de Howe, d'abord adopté, a été abandonné à son tour pour le fer, définitivement admis sous la forme de poutres en treillis.

Cet ouvrage, maintenant en cours d'exécution, se compose de quatre travées presque égales : 40 mètres et $37^m,8$ d'ouverture. On n'a donc pas commis ici la même faute qu'en Hanovre. La disposition des poutrelles est d'ailleurs la même que dans les ponts de ce pays ; seulement les appendices ou goussets sont en fonte.

Les piles seront également en fonte, disposition appliquée en France dès 1839 au pont suspendu de Cubzac. Elles reposeront sur des socles en maçonnerie, et seront contreventées au-dessus de leur milieu par des entretoises en treillis de fer.

Ponts sur le Rhin.

Le Rhin ne porte jusqu'ici qu'un seul pont fixe, celui de Schaffouse. Tous les autres sont des ponts de bateaux ; moyen précaire, et déjà insuffisant pour la circulation ordinaire (1). Cette riche voie navigable va cesser bientôt de mettre un obstacle à la continuité des voies de fer. Un pont ne tardera pas à être construit à Kehl, et c'est la France qui la première fera franchir le Rhin par une locomotive.

La jonction ainsi opérée, dans les circonstances les plus difficiles à certains égards (et qui ont pendant longtemps fait hésiter la Confédération germanique), les rives allemandes ne tarderont pas à être réunies également. La construction d'un pont à Cologne est depuis longtemps l'objet des préoccupations du gouvernement prussien, et des nombreux intérêts engagés dans la question. Elle avait fait cependant peu de progrès jusqu'à ce jour. Cologne, comme les autres métropoles commerciales du Rhin, est opposée à la suppression d'une lacune dont elle recueille les fruits. Un pont en tôle, proposé à diverses reprises, a été repoussé comme indigne de figurer près du fameux Dôme. Des griefs qui servaient surtout de prétexte à des intérêts de localité auraient pu l'emporter pendant longtemps encore sur les intérêts généraux, si la construction prochaine du pont de Kehl n'était venue menacer Cologne d'un danger plus grave, une diversion de trafic. Aussi la construction du pont de Cologne vient-elle d'être résolue. Il paraît qu'il sera sur arcs en fonte avec une travée mobile pour le passage des bateaux.

Pont de Cologne.

---

(1) Le chemin de Cologne à Minden supplée provisoirement, par un expédient emprunté à l'Angleterre, au défaut de continuité entre son embranchement d'Oberhausen à Ruhrort, et la ligne d'Aix à Kréfeld et au Rhin. Un grand ponton à vapeur, pouvant recevoir douze wagons, permet d'éviter les transbordements.

§ V. — PONTS EN FONTE.

157. L'emploi de la fonte est très-restreint en Allemagne. A l'époque très-récente encore où on a commencé dans ce pays à se préoccuper de l'application des métaux aux constructions, la fonte était déjà peu en faveur en Angleterre et en France; et la tôle a été préférée, sans discussion, par les ingénieurs allemands, sur la foi de l'expérience acquise par leurs devanciers. Le duché de Bade a seul fait exception, par suite de la date ancienne à laquelle remonte la première section de son chemin de fer. Le pont sur arcs de la Kinzig, remplacé par le bel ouvrage cité plus haut (101), était, je crois, le plus important de ce genre qui existât en Allemagne, et ceux qui subsistent ne méritent pas d'être mentionnés.

Les accidents causés en Angleterre par l'emploi souvent abusif de la fonte, ont provoqué contre elle une réaction qui est, comme toujours, trop absolue. Sous forme de poutres, pour les ouvertures qui ne dépassent pas quelques mètres, sous forme d'arcs pour les ouvertures plus considérables, elle présente autant de sécurité que la tôle, et le choix entre elles ne doit être qu'une question de prix (1).

Mais, d'une part, ce prix dépend des principes dont on part pour la détermination des équarrissages (138); et d'un autre côté, on est conduit assez souvent, en généralisant outre mesure quelques faits particuliers, à exagérer l'infériorité relative de la fonte.

---

(1) La fonte a été adoptée tout récemment sous la première forme, pour un grand nombre de ponts *sur* le chemin de fer d'Auteuil; et sous la seconde, pour le pont *sous* le chemin de fer, en construction sur le Rhône, à Lyon. Ces arcs auront 40ᵐ d'ouverture.

Ainsi, on admet en général que le rapport des coefficients d'élasticité de la fonte et du fer oscille autour de 1/2. Si donc on prend pour base, non les résistances à la rupture, mais les résistances élastiques, on donne nécessairement à la fonte, employée même en arcs, des équarrissages deux fois plus forts qu'à la tôle. Mais les expériences de M. Fairbairn sur des fers double T ont donné en moyenne $E = 11$ milliards 1/2 (1), chiffre dont la fonte se rapproche souvent beaucoup, et qu'elle atteint et dépasse même quelquefois.

Il faut se défier de ces prétendus rapports moyens, déduits d'abord d'un petit nombre d'expériences, et qu'on se laisse aller à généraliser ensuite jusqu'à ce que les observations, en se multipliant, en fassent justice. On sait aujourd'hui ce qu'il y a de vrai dans la constance approchée longtemps admise pour le coefficient d'élasticité du fer (et par analogie pour celui de la fonte). Le fait que l'expérience confirme, ce n'est pas, tant s'en faut, la constance de cet élément, mais son indépendance à peu près complète à l'égard des autres propriétés essentielles du métal, c'est-à-dire la résistance à la rupture et l'allongement maximum.

La conséquence à tirer de là, c'est qu'au lieu de raisonner sur des moyennes qui peuvent s'appliquer fort mal aux fers et aux fontes dont on dispose, il faut dans

---

(1) *Conway and Menay tubular bridges.*

Voir aussi : *Résistance des matériaux*, par M. Morin, p. 277 et 299. M. Fairbairn opérait par flexion transversale ; mais on ne peut attribuer la petitesse du coefficient à l'accroissement anormal de la flèche par suite d'un gauchissement. Le nom de l'auteur garantit l'exactitude de l'expérience.

Les poutres en tôle rivée construites par M. Kaulek et expérimentées par M. le général Morin, ont donné également des coefficients très-faibles (ouvrage cité, p. 227).

chaque cas déterminer non-seulement leur résistance à la rupture, mais aussi leur coefficient d'élasticité ; ce qui n'est guère plus difficile.

Principes différents admis pour la détermination des équarrissages.

138. On peut d'ailleurs se servir, pour fixer les équarrissages, de deux méthodes distinctes dont le choix à peu près indifférent pour les arcs en fonte, cesse complétement de l'être quand il s'agit de poutres.

1ʳᵉ méthode.

Dans l'une, on considère que pour assurer au solide une résistance indéfinie, le rapport de la charge réelle à la charge de rupture immédiate ne doit excéder nulle part un certain maximum, fixé par l'expérience et par l'observation des constructions. Cette méthode conduit dès lors à donner aux diverses parties qui résisteraient respectivement par extension et par compression, *à l'instant qui précède la rupture*, si les charges étaient poussées jusque-là, des équarrissages *inversement proportionnels aux deux résistances à la rupture* (1).

2ᵉ méthode.

Dans l'autre, on part de ce principe que les matériaux ne peuvent pas, sans danger de rupture plus ou moins prochaine, être soumis à l'action constante ou discontinue d'efforts capables d'altérer leur élasticité, c'est-à-dire de leur imprimer une déformation permanente. Et comme l'égalité qui a toujours lieu à l'origine entre les deux résistances élastiques, persiste encore dans les limites des efforts qui n'altèrent pas l'élasticité, on est conduit à donner aux parties respectivement tirées et comprimées des équarrissages *égaux, quelle que soit d'ailleurs l'inégalité des deux résistances à la rupture.*

Pour le fer, ces deux résistances étant à peu près égales, les deux méthodes donnent des sections symétriques.

---

(1) Voir l'appendice.

Pour la fonte, dont les résistances extrêmes sont au contraire très-différentes, quoique l'égalité approchée des résistances élastiques se soutienne assez longtemps, la seconde méthode donne un profil symétrique, et la première une section qui s'en écarte beaucoup.

C'est celle-ci qui a été adoptée jusqu'à présent par tous les constructeurs pour les poutres en fonte; elle a contre elle aujourd'hui quelques autorités d'un grand poids, entre autres celle de M. le général Morin (1). Il semble néanmoins qu'on est rarement assez sûr de la limite que peuvent atteindre les charges accidentelles, et qu'il y a un intérêt trop réel à éloigner le véritable danger : — la rupture, — pour qu'on puisse hésiter à le faire quand cela n'augmente ni l'équarrissage, ni la main-d'œuvre. C'est seulement, il est vrai, par un tâtonnement expérimental qu'on peut arriver au mode de répartition le plus convenable de la matière dans le profil dissymétrique; car on ne sait pas quelle est, vers le point de rupture, la position de l'axe neutre (ou plutôt de la ligne des fibres neutres; il n'y a plus alors, en effet, *d'axe* proprement dit autour duquel la section normale correspondante tourne en restant plane).

La première paraît préférable.

Il n'y a pas à songer aujourd'hui à réhabiliter complétement les poutres en fonte : mais si elles sont bien et dûment condamnées pour les grandes ouvertures, elles peuvent cependant être appliquées avantageusement et en toute sécurité sur une petite échelle; pour de faibles sections transversales, on peut compter sur la proportionnalité des résistances aux équarrissages et se mettre facilement en garde contre les soufflures, et contre l'existence d'un état de tension dans le système.

Circonstances dans lesquelles la fonte peut être employée avec avantage.

Quant aux arcs, la fonte peut parfaitement (comme

(1) *Résistance des matériaux*, page 265.

la tôle) soutenir la comparaison avec la pierre dans les limites ordinaires d'ouverture et de surbaissement; et, bien loin de diminuer, ses avantages croissent quand ces limites s'élargissent, de sorte qu'elle est parfaitement admissible quand l'emploi de la pierre devient tout à fait impraticable ; ce qui tient à ce que si la densité de la fonte est bien supérieure à celle des pierres les plus lourdes, sa résistance dépasse, dans un rapport bien plus grand encore, celle des pierres les plus tenaces. Ce n'est donc pas seulement sous la forme des poutres que l'introduction des métaux a reculé les limites d'ouverture dans lesquelles les ingénieurs étaient forcés de se renfermer avant 'elle ; et si l'on a pu contester le parti qu'on peut tirer de la fonte pour les arcs à grande portée, le doute n'est plus permis aujourd'hui en présence du pont de Beaucaire (ouverture, 60 mètres, au 1/12 ; rayon d'intrados correspondant, 92^m,50).

§ VI. — SOUTERRAINS.

139. J'ai déjà fait remarquer (32) le peu de goût des ingénieurs allemands pour les souterrains. Ils s'attachent à
diriger le tracé de manière à réduire autant que possible
la longueur et la profondeur des percements ; et à moins
que cette profondeur ne soit encore excessive, ou le terrain
trop mauvais, on les exécute à ciel ouvert. La construction
et l'exploitation s'accordent à repousser les souterrains ;
sans être absolument dépourvues de réalité, les critiques dont ils sont l'objet au second point de vue sont
d'un ordre secondaire, à moins que la voie souterraine ne
soit en même temps en rampe prononcée, car alors le
patinage devient en effet fort gênant. Quant à l'exécution, quoique les souterrains soient sans contredit les ouvrages les plus difficiles en général, ceux qui présentent
le plus d'imprévu et de mécomptes, les ingénieurs allemands ont fait trop complétement leurs preuves pour
qu'on puisse attribuer à une sorte de défiance d'eux-
mêmes leur répulsion pour cette catégorie de travaux.
Reste la question d'économie : sans entrer à ce sujet
dans une discussion de chiffres, et tout en accordant
qne dans les conditions relatives de prix élémentaires
et à égalité de nature du terrain, l'avantage économique des tranchées persiste généralement jusqu'à une
plus grande profondeur en Allemagne qu'en France, il
est évident que la limite a été souvent largement dépassée au delà du Rhin.

Il va sans dire, d'après cela, qu'on ne trouve en
Allemagne rien de comparable aux immenses souterrains de la Nerthe, de Blaisy, de Rilly (1), ni même à

---

(1) Les travaux du chemin de Lyon à Genève comprennent
un souterrain de près de 4.000 mètres pour la traversée du
Credo. Ce souterrain sera formé de deux alignements raccor-

ceux de Hommarting, de Saint-Irénée, etc. ; le plus considérable, et de beaucoup, celui du col de Semring, n'a que 1.500 mètres.

Souterrains du Semring.
Puits inclinés.

Il a été attaqué, de chaque côté du faîte, par trois puits, dont deux verticaux et un incliné à 45°. Celui-ci partant de l'orifice du second puits vertical, qui a 104^m de profondeur, a permis d'établir un quatrième atelier à cette même distance du troisième, plus économiquement que par un troisième puits vertical.

Les souterrains sont, de même que les viaducs, très-multipliés sur le versant nord du Semring. Depuis Pettenbach jusqu'au sommet il n'y en a pas moins de vingt ; mais six seulement (ceux de Wolfsberg (440^m), Weber-Kogel (380^m), Bollerswald (342^m), Lechner (304^m), Weinzettel (209^m) et Kartnerkogel (201^m), ont plus de 200 mètres de longueur. En somme, le passage du Semring a exige en tout 4^k,24 de souterrains, concentrés sur une longueur de 10^k,16. Leur nombre devait être moindre ; mais quelques petites tranchées ont dû être voûtées soit à cause du défaut de consistance du terrain, soit pour protéger les voies contre les éboulements de roches, etc.

Plusieurs de ces souterrains sont courbes, sur une partie ou sur la totalité de leur longueur. L'un d'eux, situé entre Pettenbach et Klamm, et creusé dans un schiste argileux décomposé, menaçait ruine lors de mon passage ; des écrasements et des lézardes se manifestaient dans le pied-droit placé vers la montagne à laquelle il présente sa concavité. Cette dernière circonstance devait être pour beaucoup dans les effets produits. La charge immédiate sur la voûte est très-faible, mais la pente du terrain est très-rapide, de sorte que le pied-droit a surtout à résister comme un mur de soutènement, concave vers la surcharge qui est très-considérable.

Du col du Semring, jusqu'à la limite actuelle du chemin, c'est-à-dire jusqu'à Laybach, on ne rencontre que sept tunnels qui sont successivement ceux :

---

dés par une courbe assez prononcée. Cette disposition en chevron, sans exemple jusqu'ici dans les grands souterrains, a dû être admise pour éviter la profondeur excessive, qu'un tracé rectiligne eût exigée pour les puits de la région intermédiaire,

d'Égidi. . . . . 190 mètres.
de Leitersberg (près Marbourg). 665
de Kerschbach. 243
de Kreuzberg. 186
de Lippoglauer. 255
de Hrastnigg. 131
et de Poganeck. 235

Le plus considérable, celui de Leitersberg, est à la fois en rampe de 0,007 à 0,009 et en courbe de 550 mètres de rayon.

140. On remarque sur la même ligne, entre Frohnleiter et Peggau, un travail assez singulier et bien connu en Autriche sous le nom de *Galerie de Badel*. Le rocher s'élevait à pic sur le bord de la Mür, sans laisser de place pour l'établissement du chemin de fer et de la route ; l'abatage a conquis de la place et sur le rocher, et sur la rivière rejetée vers la rive droite : sur cette base on a construit une galerie, livrant passage intérieurement au chemin de fer, et par-dessus à la route. Cette galerie, longue de 380 mètres, est construite en berceau vers la roche, et en voûtes d'arrêtes vers l'extérieur. Elle a coûté fort cher par suite de vices d'exécution ; l'écrasement des piliers, construits en mauvais matériaux, a exigé leur reconstruction presque complète.

Galerie de Badel.

141. Les autres souterrains à citer sont :

En Autriche :

Celui de Triebitz, par lequel le chemin du Nord passe du bassin du Danube dans celui de l'Elbe : longueur 510^m ; il a présenté des difficultés sérieuses, et a partout un radier en voûte renversée. Celui de Kotzen, entre Trubau et Prague, long de 240^m, et creusé dans le rocher. Sur les chemins en cours d'exécution, celui du col de Luegger, au pied du Tannengebirge (ligne de Bruck à Salzbourg), qui aura 950^m de longueur et par lequel le chemin atteindra la large vallée du Salzbach.

Autres souterrains en Autriche.

142. *Dans la Prusse rhénane :*

En Prusse.

Le souterrain de Bielstock, sur la ligne de Saarbrück, long de 471^m.

Le souterrain du bois d'Aix au chemin Rhénan de 697^m de long, et ceux de Nirm, d'Eschweiler, de Norrem sur le même chemin travaux déjà anciens et par suite bien connus.

En Saxe. 143. *En Saxe :*

Le tunnel d'Oberau, de 5,4ᵐ, sur la ligne, plus ancienne encore, de Leipzig à Dresde. C'est le seul du réseau saxon, sauf un petit tunnel de 170ᵐ sur la ligne de Riesa à Chemnitz, d'ailleurs si remarquable par ses travaux d'art ; et encore ce petit échantillon remplace-t-il une tranchée à laquelle on a dû renoncer à cause des glissements dont on était menacé dans la roche de serpentine qu'il fallait traverser.

En Hanovre. 144. *En Hanovre :*

Le tunnel de Volmarhausen (près Münden), sur la ligne de Hanovre à Cassel, creusé dans un grès de transition avec lits d'un schiste argileux qui se décompose à l'air ; il a 331ᵐ,7 de long, et est en courbe de 297ᵐ et en rampe de 0,0025. Pour pouvoir commencer les percements aux deux bouts, sans attendre que les goulets des grandes tranchées fussent à fond (156), on a creusé de chaque côté une galerie souterraine de 1ᵐ,75 de côté, aboutissant au cerveau du tunnel, qui a été attaqué seulement par les extrémités. La différence des développements des pieds-droits est rachetée simplement par l'inégalité des épaisseurs des joints.

145. *Dans la Hesse-Électorale :*

Les souterrains de Hönebach et Guxhagen (ligne de Cassel à Gotha). Le premier a 1.077ᵐ, et le second 472ᵐ de longueur.

En Wurtemberg. 146. *En Wurtemberg :*

Le souterrain de Maulbronn (ligne de Heilbronn à Bruchsal) à la ligne de passage du Neckar au Rhin : 287ᵐ de long : percé dans les marnes irisées.

147. *Dans le duché de Bade :*

Dans le duché de Bade. Le petit souterrain d'Istein, de 120ᵐ seulement, mais qui a été néanmoins un des ouvrages les plus difficiles de la ligne, parce qu'il traversait en plein un nid de marne aquifère de la plus mauvaise nature.

148. *En Bavière :*

En Bavière. Le percement en cours d'exécution du Schwarzkopf, à Spessart, un des principaux ouvrages de la ligne de Schweinfurth à Aschaffenbourg et des chemins bavarois.

Les huit souterrains du chemin du Palatinat, qui contraste sous ce rapport avec la tendance systématique à l'exclusion de ces ouvrages sur les autres chemins allemands.

NOMS DES SOUTERRAINS.	LONGUEUR.	PRIX	
		du mètre courant.	total.
	mèt.	fr.	fr.
1. Heiligenberg.	1.347	386	518.595
2. Schönberg-Langeck.	355	300	109.500
3. Woslfsberg.	321	753	241.713
4. Kehre.	299	444	132.756
5. Schlonberg.	217	581	126.077
6. Gipp.	216	348	75.168
7. Mainzerberg.	212	424	89.888
8. Retschbach.	195	342	66.690
9. Kopf.	158	490	77.420
10. Lichtsteiner.	114	285	32.490
11. Französenwoog.	79	439	34.681
12. Eisenkeil.	64	480	30.720
	3.587		1,535.698

Quoique la faible longueur de ces souterrains, le premier excepté, soit nécessairement pour beaucoup dans le bas prix de revient du mètre courant, les chiffres ci-dessus que M. l'ingénieur Denis a bien voulu me communiquer, sont de remarquables exemples d'une exécution économique. Tous ces travaux ont été faits en régie : il est évident d'ailleurs que le terrain était généralement favorable. Cependant un seul de ces tunnels (n° 7), creusé entièrement dans le grès très-solide, a pu se passer complétement de revêtement. Sept autres sont muraillés en partie, et les quatre autres entièrement, voûtes et pieds-droits. Le prix du n° 1 s'est même trouvé élevé par la dépense de plusieurs puits qu'on aurait pu éviter, car ce souterrain a été terminé avant d'autres travaux moins importants, mais retardés par diverses causes.

Le cube total des déblais a été : 195.064 mètres cubes, au prix moyen de cinq francs le mètre. . . . . 957.320 fr.

Les revêtements et les talus ont exigé 34.383 mètres cubes de maçonnerie, et ont coûté en moyenne 5 francs le mètre cube. 515.820

§ VII. — TERRASSEMENTS.

REMBLAIS.

149. On a terminé tout récemment un remblai colossal
et unique, à coup sûr; celui de Rentershofen, près
Röthenbach, sur la grande ligne bavaroise, ligne si intéressante, soit par la variété et l'importance de ses travaux (33, 65), soit par la hardiesse de son profil.

Remblai de Röthenbach. — Ce remblai a 584 mètres de long, $52^m,56$ de hauteur maximum,
10 mètres à la crête, et $278^m,64$ de largeur maximum à la base;
son cube s'élève à 2.200.000 mètres cubes.

Avantages de sa position sur un col. — La vaste dépression qu'il traverse forme en ce point un véritable col transversal à pentes douces; circonstance très-fa-
vorable, et qui du reste, le remblai admis, déterminait la position de l'axe du chemin. On échappait ainsi, en effet, à la
nécessité de ménager à la base du remblai, un passage voûté
pour les eaux. L'exécution d'un semblable passage eût été
fort dispendieuse : en présence de l'incertitude qui règne sur
l'évaluation des pressions développées dans une voûte soumise
à une surcharge aussi inusitée (1), on donnerait aux épaisseurs
une sorte d'exagération apparente. Et peut-être seraient-elles
en réalité insuffisantes.

Les flancs escarpés de l'échancrure sont formés d'une épaisse
alluvion d'où tout le remblai a été tiré. Les terres, grave-
leuses, médiocrement argileuses, sont d'une bonne nature. La
masse a d'ailleurs été revêtue d'une chemise de terre franche,
fournie également par des emprunts latéraux. *Consolidation de la base du remblai.* — Le remblai repose sur un terrain tourbeux, dont l'épaisseur atteint 12 m.,
mais dont la mobilité n'a pas été un obstacle sérieux. Il a suffi
pour opérer à la fois l'assèchement et la consolidation de la

---

(1) Voyez, relativement aux conditions de l'*arcboutement* de
la surcharge sur les deux sections verticales du massif entre
lesquelles la voûte est comprise, le travail, devenu classique,
de M. le général Poncelet *sur la stabilité des revêtements et de
leurs fondations* (*Mémorial du génie*, n° 13, p. 246 et suivantes).

Voyez aussi, sur les écrasements d'un passage voûté dans le
grand remblai de Neuenmarkt : *Des progrès des machines-lo-
comotives*, etc. (*Annales des mines*, t. I, p. 374).

base du remblai, de creuser un réseau de tranchées longitudinales et transversales, poussées jusqu'à la limite du banc tourbeux, et de les remplir de pierre sèche.

Les talus, inclinés à 2 de base pour 1 de hauteur, sont de
plus divisés en gradins au nombre de cinq, larges de 5^m,84, et
espacés uniformément de 8^m,76, ce qui porte l'inclinaison effective à 2 57 de base pour 1 de hauteur.

Si ce remblai est remarquable par ses dimensions gigantes- Le mode d'exécu-
tion ne présente
pas d'intérêt.
ques, si l'établissement de son état d'équilibre et son entretien
soulèvent des questions intéressantes, son exécution n'a fait
faire aucun progrès à l'organisation des grands chantiers de
terrassements. La faible distance des transports excluait les
locomotives, mais on n'a même pas employé les chevaux; les
emprunts étagés étaient desservis par des voies en pente de
0,01 sur lesquels de petits wagons contenant 1^{m3}· de déblai,
descendaient à charge, et étaient remontés par deux hommes.
La pente, primitivement, plus forte a dû être réduite, l'effort
à la remonte étant trop considérable. On avait songé d'abord à
établir un système de plans automoteurs, mais on recula devant quelques difficultés d'organisation. — Tout le profil avan-
çait parallèlement à lui-même. Pour l'application de la chemise, les transports ont été fait à la bricolle, au moyen de petits
tombereaux à deux roues traînés par des femmes.

Ce travail, exécuté en trois ans, a coûté 1.890.000 fr.,
soit 0^f,859 le mètre cube.

Il est d'ailleurs d'un bel effet; lorsqu'on arrive de
Kempten, et qu'à la suite d'une courbe cette masse
énorme se présente avec les horizons si nets, si ré-
guliers de ses gradins, on éprouve une impression
bien différente, sans doute, de celle que produit un
ouvrage d'art proprement dit, mais qui a aussi sa
grandeur.

Il est douteux, du reste, que cette solution trouve
des imitateurs. Elle a pu être économique dans une
contrée où les salaires des terrassiers étaient très-bas.
Mais il reste à savoir si on n'a pas grevé l'entretien, au
profit de la construction.

Digue de Lindau.
(Pl. III, *fig.* 11.)

Motifs qui ont déterminé l'exécution de ce travail.

150. La ville de Lindau s'élève, vers l'extrémité orientale du lac de Constance, sur une petite île rattachée à la terre ferme par un pont en charpente sur palées. Lindau est le port de la Bavière sur le lac, et l'un des principaux entrepôts de commerce de l'Allemagne avec la Suisse. Placer la tête du chemin de fer sur le littoral, en face de Lindau, c'eût été élever une ville nouvelle aux dépens et pour ainsi dire sur les ruines de l'ancienne. Le complément nécessaire de cette mesure était d'ailleurs la création d'un nouveau port, autour duquel se seraient groupés les entrepôts. La ville de Lindau a réussi à détourner ce coup funeste. Elle a obtenu que le chemin de fer pénétrât, à grands frais, dans son étroite enceinte, et cette espèce de Venise en miniature a aujourd'hui, comme celle de l'Adriatique, son pont des lagunes, long de 555 mètres.

On sait que le lac de Constance est souvent agité, et sujet même, parfois, à de véritables tempêtes. Ce n'est donc pas un simple remblai, protégé seulement par des perrés contre le clapotage, qu'il s'agissait de construire, mais un ouvrage capable de résister à des lames assez violentes, presque une jetée à la mer. La nature du fond, vaseux jusqu'à une grande profondeur (18 à 20 mètres), excluait d'ailleurs l'exécution d'un viaduc en maçonnerie, dont la fondation eût été extrêmement coûteuse.

On s'est donc arrêté à l'idée d'un ouvrage mixte, semblable aux grands remblais construits il y a quelques années à l'autre extrémité de la même ligne, entre Neuenmarkt et Marktschorgast (1). La chaussée se compose donc d'un noyau ou remblai flanqué de

---

(1) *Des progrès des machines locomotives*, etc., loc. cit.

murs en gros blocs de grès, et établi sur un massif d'enrochements (Pl. III, *fig.* 11).

D'après le projet, les parements devaient être con-struits en blocs d'appareil, avec joints normaux. Mais la mobilité des enrochements, qui ont pris peu à peu un empatement énorme, et les affaissements inégaux de toute la masse, détruisaient bientôt cette régularité, quand ils n'allaient pas jusqu'à produire une perturba-tion complète dans les assises. On renonça donc à cette disposition, et on continua d'élever les gros murs en blocs bruts, dégrossis seulement sur les lits, et posés horizontalement. Les aspérités très-saillantes des pare-ments auront, outre l'avantage de l'économie, celui de briser les vagues, dont une surface lisse eût favo-risé l'ascension. L'aspect de l'ouvrage n'y perd rien, d'ailleurs. Les énormes tablettes en pierre de taille, avec cordon en saillie, qui couronnent les murs, suffisent pour donner à l'ensemble une certaine élégance, appro-priée à son caractère de sévère simplicité.

Ces tablettes de 1^m,46 de queue, sont en grès pro-venant des carrières voisines et renommées de Bre-gentz. Le reste des murs est en grès ordinaire de Suisse.

Le travail étant à peine achevé et les comptes non terminés, on n'a pu m'indiquer le cube total, tant pierres que remblai, qu'il a absorbé ; ce cube doit être très-considérable, mais on pense que de nouveaux rechargements ne seront pas néces-saires.

Les remblais de 20, 22, 25 mètres, sont assez fré-quents en Allemagne. Un des plus considérables est celui de Bunzlau, qui aboutit au viaduc de ce nom (38); il a 500 mètres de long et 23 mètres de haut. D'autres sont remarquables surtout par leur longueur, comme le grand remblai qui contourne la ville de Vérone, depuis la gare jusqu'au pont sur l'Adige (21), etc.

Éboulements de remblais formés d'argile humide.

151. On a commis assez souvent en Allemagne, comme partout, la faute d'employer pour ces travaux des argiles humides, et comme toujours cette faute a été payée cher. C'est ainsi, par exemple, que sur le chemin du Main au Weser, remarquable surtout par ses remblais, plusieurs d'entre eux, formés d'argile mouillée, se sont presque entièrement éboulés. Il a fallu les refaire en terre sèche, c'est-à-dire finir, après une grande perte de temps et d'argent, par où on aurait dû commencer.

Dans d'autres circonstances où le terrain était moins argileux, ou moins profondément pénétré d'eau, le mal a pu être facilement réparé ou même prévenu, mais non sans quelques embarras pour l'exploitation. Ainsi, à la suite des pluies de février 1852 des éboulements considérables ont eu lieu dans un grand remblai de marne très-argileuse, situé près de Bielefeld (ligne de Cologne à Minden): l'une des voies a été complétement entraînée. Il a suffi de remplacer les terres éboulées par du sable, appliqué sur la partie du massif restée intacte, et dans laquelle on avait ménagé des redans. L'application d'une chemise sablonneuse assez épaisse a même arrêté complétement les indices d'éboulements qui se manifestaient sur la même ligne, dans le remblai aux abords du viaduc de Schilde.

Entraînement par le vent des remblais sablonneux des chemins hongrois.

152. La nature en quelque sorte inverse des terres a entraîné quelquefois des inconvénients non moins graves; ils se sont présentés surtout sur les chemins en cours d'exécution en Hongrie. Ces chemins sont généralement d'une exécution très-facile : seulement ils se maintiennent presque constamment en remblai, peu élevé du reste, pour se placer au-dessus des hautes eaux. Le bas prix des terrains permet de faire partout des emprunts latéraux très-peu dispendieux. Mais sur plusieurs points, ces remblais faits en sable presque pur et très-sec, ont été complétement déplacés par le vent, qui les a accumulés çà et là sous forme de dunes. Le mal est du reste plus facile à prévenir que pour les argiles, tout à fait inadmissibles d'ailleurs, quand

elles sont employées humides. Une chemise très-mince, et peut-être même quelque travail de fixation temporaire très-économique, suffira pour donner à la masse sabloneuse une stabilité suffisante dans le début, et qui ne fera que croître avec le temps.

153. Les travaux de remblai du chemin nouvellement terminé d'Ulm a Augsbourg, méritent une mention spéciale à cause de leur double destination. D'Ulm à Donauwörth le Danube était encore, jusqu'à ces derniers temps, à peu près dans l'état de nature. Ce que l'intérêt de la navigation n'avait pu obtenir, le chemin de fer l'a fait. Le tracé a été étudié au double point de vue de l'amélioration de l'une, et de l'exécution économique de l'autre. En plusieurs points, et sur des longueurs considérables, le chemin de fer a été établi dans le lit même du fleuve, et ces rétrécissements on fait disparaître beaucoup de hauts fonds. Ils ont d'ailleurs été combinés avec plusieurs rectifications importantes.

Remblais du chemin d'Ulm à Ausbourg.

154. On peut rattacher aux remblais, les travaux qu'exige l'établissement de la voie en terrains marécageux. La ligne du sur autrichienne traverse, près de Laybach, des marais tourbeux à surface très-mobile. Le système de consolidation adopté comprend, de part et d'autre de l'axe, deux tranchées de largeur et de profondeur variables, remplies de pierre sèche ; avec l'épaisseur ordinaire de ballast, posé sur la tourbe ainsi encaissée, la voie est parfaitement solide. Ce procédé, efficace mais fort coûteux, a été appliqué aux environs de Laybach sur une longueur de 2 400 mètres.

Établissement de la voie en terrain marécageux. Chemin du sud autrichien.

Les terrains tourbeux que traverse la ligne de Munich à Augsbourg, notamment aux environs de Hattenhofen, à Haspelmoos, ont été consolidés d'une manière analogue ; seulement, au lieu de tranchées continues, on a creusé des excavations très-rapprochées ayant $1^m,20$ de profondeur, qu'on a remplies d'argile bien pilonnée. C'est, sur une grande échelle, une application du procédé connu de condensation des terrains mobiles, soit par l'insertion de pieux en bois, soit au moyen d'une substance minérale agissant par sa poussée. Sous ce rap-

Chemin de Munich à Ausbourg.

port, le sable serait préférable à l'argile comme remplissage des fouilles.

TRANCHÉES.

155. Les longues et profondes tranchées sont nombreuses en Allemagne, parce que les longs souterrains y sont rares.

Tranchée de Harbastofen.

C'est encore sur le chemin bavarois que se trouve la tranchée la plus gigantesque. C'est celle de Harbastofen, située à proximité du remblai de Röthembach (149); elle a près de 600 mètres de long, 32 mètres de profondeur maximum, et a fourni 860.000 mètres de déblai dont une partie forme un immense dépôt autour de la station placée à l'extrémité de la tranchée.

C'était le cas, assurément, de passer en souterrain; le projet adopté supposait, en effet, cette solution : mais on céda à la répulsion exagérée qu'elle inspire en Allemagne.

Tranchée de Gabelbach.

156. Une des tranchées de la ligne d'Ulm à Augsbourg, celle de Gabelbach, ne le cède que peu en profondeur a la précédente, et la dépasse en longueur. Après avoir suivi jusqu'à Offingen la vallée du Danube, et offert surtout depuis Gunzbourg, l'intéressante série de travaux mixtes déjà mentionnés (153), ce chemin entre dans la vallée du Mindel par une longue tranchée de 20^m,40 de profondeur, puis il passe, à Gabelbach, dans la vallée de la Zusam par une autre tranchée qui a 27^m,40 de profondeur maximum, 730 mètres de long, et a fourni plus de 1.000.000 de mètres cubes de déblais.

Tranchée du Faulenberg.

La ligne en cours d'exécution de Bamberg à Hanau (Francfort) présente aussi une de ces vastes excavations, pour la traversée du Faulenberg, près Wurzbourg; elle a 876 mètres de long sur 25^m,10 de profondeur.

Ce n'est pas seulement en Bavière, et sur les lignes nouvelles qu'on rencontre de semblables profondeurs; celles des tranchées aux abords des souterrains sont presque toujours très-considérables, parce qu'on s'est attaché surtout à réduire le plus possible la longueur des percements. C'est ainsi que la profondeur s'élève à 28 mètres aux abords du souterrain, cité plus haut (139), de Norrem, sur le chemin Rhénan. Au souterrain de Volmarshausen (144) elle atteint à l'une des têtes, 29 mètres, et à l'autre, 39^m,40.

Il est inutile d'insister sur ces exemples remarquables sans doute par leurs proportions inusitées, exagérées peut-être, mais auxquels il manque quelque chose pour être vraiment dignes d'attention; le mérite d'une.exécution économique et rapide, par des procédés mécaniques perfectionnés. Quand on voit la fouille et le transport de ces masses colossales opérés par les méthodes les plus élémentaires, à force de bras, on est choqué de la disproportion qui existe entre la faiblesse et l'imperfection de ces moyens, et l'immensité de l'œuvre.

Du reste, la question purement économique des méthodes. de fouille et de transport n'est plus que secondaire, lorsqu'il s'agit de tranchées à ouvrir dans les terrains difficiles, d'autant plus que la profondeur est nécessairement alors très-limitée, sans quoi il faudrait bien se résigner à un passage souterrain. Sous ce rapport du moins, le développement des chemins de fer à fait faire à l'art des terrassements de remarquables progrès; et soit qu'il s'agisse seulement de se mettre en garde contre des éboulements ultérieurs, soit qu'on ait affaire à un terrain coulant de la plus mauvaise nature, l'ingénieur peut souvent apprécier *à priori*, presque à coup sûr, les conditions du succès. L'essentiel en pareil cas est de savoir de suite juger et accepter dans toute leur étendue les expédients nécessaires, sans passer par la désastreuse filière des tâtonnements infructueux.

Tranchées dans les terrains coulants.

157. Une petite tranchée de la ligne de jonction des chemins badois et wurtembergeois, celle de Heidelsheim, présente un exemple remarquable des difficultés les plus graves, surmontées de la manière la plus complète et la plus méthodique; elle traverse sur 360 mètres de longueur et 6^m,60 de profondeur, un mélange d'argile et de sable aquifère très-coulant; la surface seule avait une certaine consistance. Des sondages indiquaient que les eaux d'infiltration, retenues par des bancs de Muschelkalk

Tranchée de Heidelsheim.

avec lits argileux, s'accumulaient dans une couche de gravier, recouverte par le terrain de sable et d'argile.

Galerie d'asséchement. On reconnut que toute la masse aquifère devait être, avant tout, complétement asséchée par une galerie perméable, sorte de drain sur une grande échelle, recevant les eaux et les versant dans un ruisséau, le Saalbach, qui coule près de là. Cette galerie devait être placée à 4 mètres au-dessous du niveau du chemin : sa pente fut fixée à 1/300.

Exécution de cette galerie. Mais cette galerie elle-même devait être exécutée à ciel ouvert : et dès lors la difficulté, quoiqu'amoindrie, subsistait encore. Quelques essais préliminaires indiquaient en effet que l'exécution d'une semblable tranchée, avec le développement de parois très-résistantes et parfaitement étanches qu'exigeait la nature du terrain, serait très-difficile et très-coûteuse.

Nécessité d'assécher préalablement toute la masse. On résolut donc de n'exécuter la galerie elle-même qu'après avoir préalablement mis toute la masse à sec : à cet effet, on creusa onze puits, espacés de 30 mètres ; ces puits étaient carrés et à double boisage, avec les intervalles garnis de mousse, qui laissait filtrer l'eau en arrêtant le sable. Ils furent foncés jusqu'aux bancs de Muschelkalk ; on y installa alors des pompes, et on poussa vivement les épuisements qui ne donnèrent que des eaux parfaitement limpides. Le filtre fonctionnait bien.

Des sondages fréquemment répétés indiquaient jour par jour l'efficacité du remède. Ils prouvaient que le niveau des eaux souterraines s'abaissait rapidement, et que le terrain reprenait sa consistance naturelle; au bout de six semaines d'épuisement soutenu, toute la masse était asséchée : on procéda de suite et sans aucune difficulté, à l'exécution de la tranchée de la galerie, puis à la construction de celle-ci, qui fut faite en grès avec les joints simplement garnis de mousse. La galerie achevée, le jeu des pompes cessa : on était rentré alors dans les conditions ordinaires ; la grande tranchée s'exécuta, en effet, sans encombre. On remblaya les puits et la fouille de la galerie, d'abord en pierre sèche, puis en terre.

Ce travail a coûté 259.800 francs, dont 52 600 francs pour la tranchée proprement dite, et 107.200 francs pour les opérations de l'asséchement.

Tranchées du chemin Badois. 158. L'exécution de plusieurs tranchées du chemin badois, depuis Schliengen jusqu'à l'extrémité sud de la ligne, présente aussi quelques particularités dignes d'être mentionnées. On a eu sur plusieurs points et notamment à Böllingen, à Barmlach, à

Rheinweiler, à Kems, etc., à traverser un conglomérat calcaire, susceptible de se transformer en une véritable bouillie : on pouvait à la rigueur creuser la tranchée; mais elle ne tardait pas à se combler, et sa disparition était accompagnée de mouvements de terrain qui se propageaient fort loin. Pour l'une de ces tranchées, celle de Grosslochgraben, creusée à mi-côte, on ne trouva rien de mieux à faire que de pousser la fouille jusqu'à la limite du terrain susceptible de devenir coulant : et tout l'excédant de profondeur, variable de $3^m,60$ à $4^m,50$, fut remblayé en pierre cassée. — Mais malgré ce dispendieux travail, malgré la construction d'un énorme mur de soutènement vers la montagne, des mouvements inquiétants se produisirent, et il fallut en venir au moyen qui, appliqué de prime abord, eût peut-être suffi, c'est-à-dire au creusement d'une galerie recueillant les eaux en amont de la tranchée.

Tranchée de Grosslochgraben.

. A la tranchée d'Uffhausen, près de Fribourg, profonde de 18 mètres, il a fallu de même creuser une galerie d'assechement, donner aux talus une très-grande inclinaison, et en outre les soutenir à la base par des murs de 10 mètres d'épaisseur.

Tranchée d'Uffhausen.

Aux environs de Kems, les tranchées sont ouvertes dans les largiles du terrain jurassique, très-dures à la fouille pendant les sécheresses, et très-coulantes à la suite des pluies. Des placages en pierre, ou des chemises en terre avec gazonnages ont dû être appliqués partout.

159. Les tranchées du chemin du Palatinat méritent aussi d'être citées; elles n'ont pas offert de difficultés, mais quoique creusées dans le roc, elles ont exigé des travaux de soutènement considérables. Sur $143^k,9$, cette ligne présente un développement total de $9^k,4$ de murs de soutènement dont la hauteur varie de 2 à 14 mètres, et dont le cube s'élève à 66.000^{m3}.

Tranchées du chemin du Palatinat.

160. La grande tranchée de Rottberg entre Giessen et Lollar (chemin du Main au Weser), est creusée dans un terrain très-perméable, divisé par des lits argileux à surfaces ondulées. Le drainage, appliqué aux affleurements de ces lits sur les talus de la tranchée, a suffi pour arrêter de graves indices d'éboulement. — Les lignes de drains s'égouttent, à chaque point bas, dans une rigole disposée suivant la ligne de plus grande pente.

Application du drainage à la consolidation des tranchées.

Chemin du Main au Weser.

Ce procédé ne diffère que par les détails d'exécution de celui que M. de Sazilly a imaginé et appliqué avec beaucoup de succès. Ce dernier semble même préférable, parce qu'il recueille complétement l'eau, et l'isole de l'affleurement argileux, sur lequel un suintement même très-faible exerce une influence pernicieuse. C'est donc à ce regrettable ingénieur qu'il faut reporter tout le mérite d'une méthode destinée à se généraliser, et admise déjà dans la pratique, sous la forme qu'il lui a donnée, comme un remède très-efficace contre une cause fréquente d'éboulements des tranchées.

FIN DE LA PREMIÈRE SECTION.

PARIS.— IMPRIMÉ PAR E. THUNOT ET Cᵉ, RUE RACINE, 26.

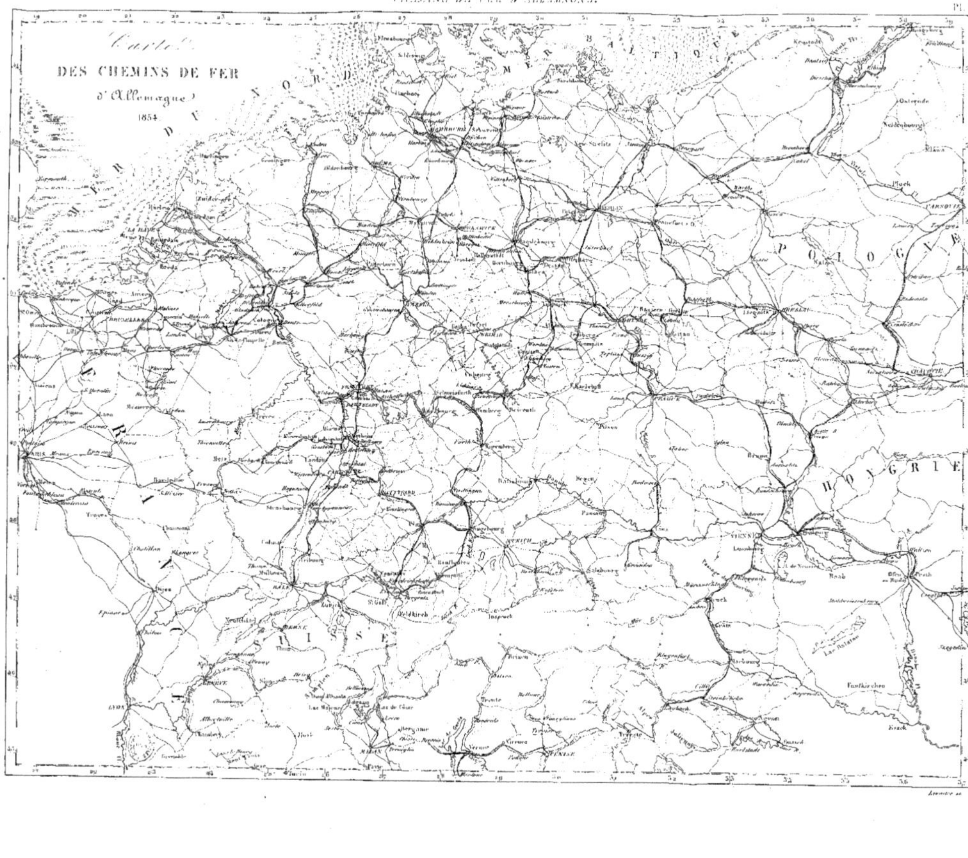

Carte
DES CHEMINS DE FER
d'Allemagne
1854
MER DU NORD
MER BALTIQUE
FRANCE
SUISSE
POLOGNE
HONGRIE
PARIS
Cologne
VARSOVIE
Lecointe sc.

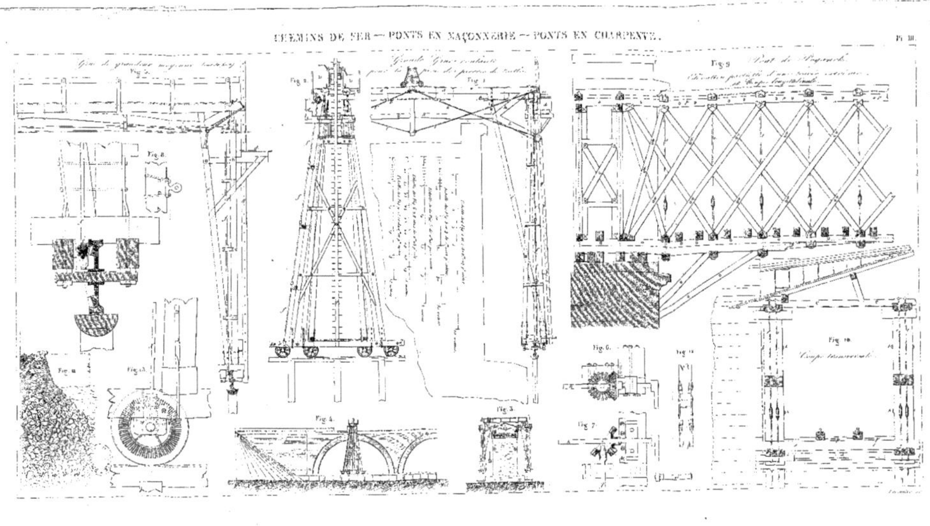

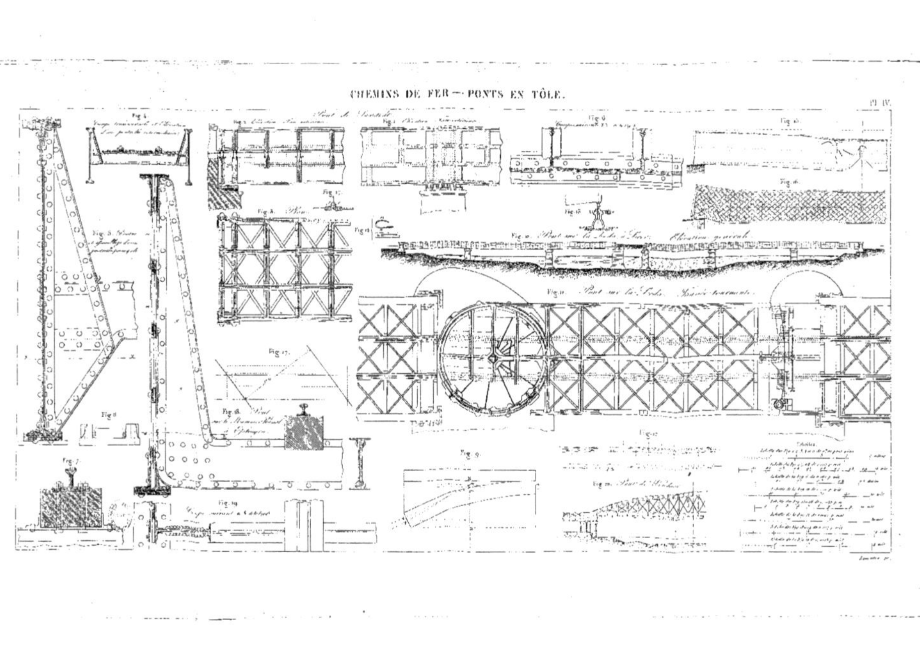

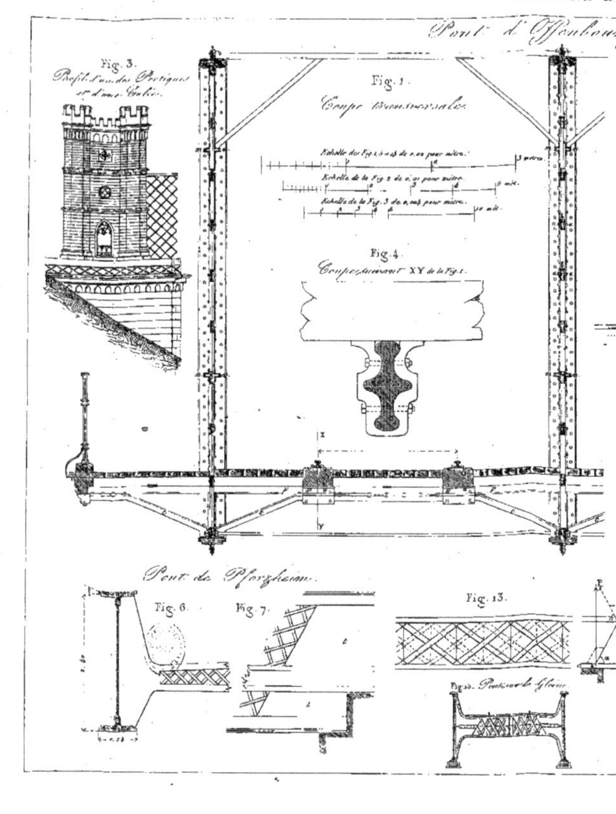
Pont d'Offenbourg
Fig. 3.
Profil d'un des Portiques et d'une Culée.
Fig. 1.
Coupe transversale.
Echelle des Fig. 1, 4 et 13 de 0.02 pour mètre.
Echelle de la Fig. 2 de 0.01 pour mètre.
Echelle de la Fig. 3 de 0.008 pour mètre.
Fig. 4.
Coupe suivant XY de la Fig. 1.
Pont de Pforzheim.
Fig. 6.
Fig. 7.
Fig. 13.
Fig. 23. Pont sur le Glems.

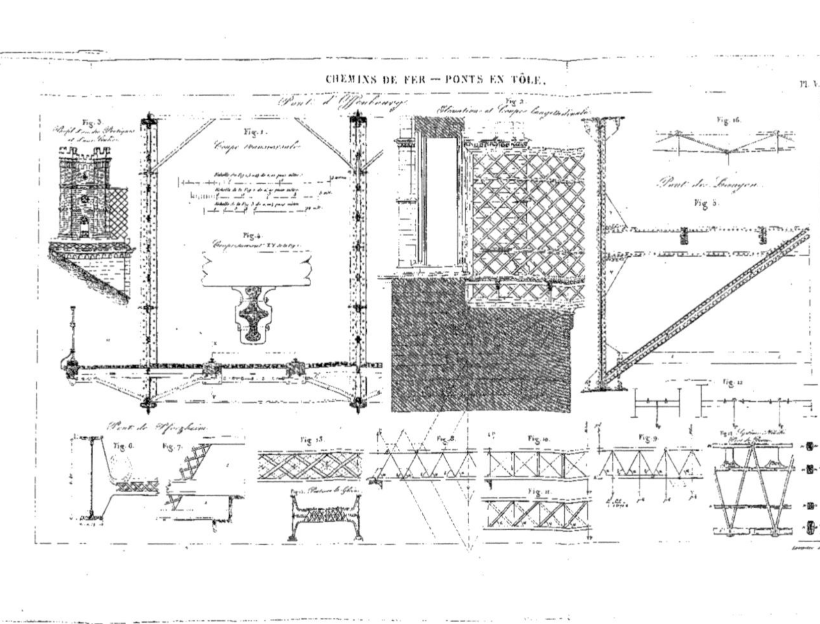
Pont d'Offenbourg
Fig. 1.
Coupe transversale
Fig. 3.
Fig. 2.
Élévation et Coupe longitudinale
Fig. 4.
Fig. 16.
Pont de Besançon
Fig. 5.
Pont de Pforzheim
Fig. 6.
Fig. 7.
Fig. 13.
Fig. 8.
Fig. 10.
Fig. 9.
Fig. 12.
Fig. 11.
Fig. 14.
Fig. 15.